江苏省产学研联合基金(BY2013019-07)
中国矿业大学青年基金(2012QNA53) 资助

煤层气开采多场耦合作用机理及应用

张丽萍 著

中国矿业大学出版社

内 容 提 要

本书以低渗透煤层气强化抽采理论与应用为主题，针对煤岩双重孔隙这一特征，建立考虑吸附膨胀效应的热-流-固耦合控制方程；以此为基础进行数值模拟计算，揭示温度、地应力、煤的弹性模量、裂隙发育程度等因素对煤层气抽采的影响；将热-流-固耦合控制方程应用于注热开采煤层气工程实践中，研究注热对于煤层气增产的机理；建立 CO_2-ECBM 过程热-流-固耦合数值模型，并将所建立的耦合方程应用于沁水盆地注气开采实践中，研究温度对 CO_2-ECBM 过程的影响，提出一种注气注热两种方式共同作用的煤层气强化抽采方案。

本书适合从事煤矿瓦斯治理和煤层气抽采领域的科研人员、工程技术人员、研究生和本科高年级学生学习阅读。

图书在版编目(CIP)数据

煤层气开采多场耦合作用机理及应用 / 张丽萍著.
徐州：中国矿业大学出版社，2015.5
ISBN 978-7-5646-2687-7

Ⅰ.①煤… Ⅱ.①张… Ⅲ.①煤层—地下气化煤气—地下开采 Ⅳ.①P618.11

中国版本图书馆 CIP 数据核字(2015)第095778号

书　　名　煤层气开采多场耦合作用机理及应用
著　　者　张丽萍
责任编辑　王江涛
出版发行　中国矿业大学出版社有限责任公司
(江苏省徐州市解放南路　邮编 221008)
营销热线　(0516)83884103　83885105
出版服务　(0516)83995789　83884920
网　　址　http://www.cumtp.com　**E-mail**：cumtpvip@cumtp.com
印　　刷　徐州中矿大印发科技有限公司
开　　本　787×960　1/16　**印张** 9　**字数** 167 千字
版次印次　2015 年 5 月第 1 版　2015 年 5 月第 1 次印刷
定　　价　36.00 元

前　言

我国煤层气资源/储量丰富，但绝大部分储层具有“高储低渗”的特点，严重制约了我国煤层气工业的发展。如何提高低渗透煤层的渗透率从而提高开采煤层气经济效益，是煤层气开采研究中的热点和难点。

本书基于多孔介质弹性力学、渗流力学、热力学等理论，系统研究温度影响下煤层中气体赋存运移变化规律，建立包含煤层变形、气体扩散渗流、气体吸附以及温度效应的热-流-固多场耦合数学模型，并将模型应用于注热强化和注气驱替开采煤层气工程实践。主要内容如下：

第一，研究得到气体吸附常数与温度之间的关系，建立温度与气体压力共同作用下的吸附方程。针对煤的裂隙-孔隙结构特征，建立包含温度效应的双重孔隙渗透率动态变化方程。在此基础上分别建立煤体变形控制方程、气体运移控制方程、温度场控制方程。联立上述方程得到包含煤层变形、气体渗流、气体吸附以及温度效应的热-流-固多场耦合数学模型。

第二，以煤层气开采为背景，利用 COMSOL Multiphysics 对热-流-固耦合数学模型进行数值求解。结果表明：煤层温度直接影响煤层气产出速率，温度越高，煤层气开采效率越高；煤层地应力越大，其渗透率越低，煤层气开采效率越低；煤的弹性模量越小，煤层气开采效率越高；煤层中裂隙间距越小，煤层气开采效率越高；煤的弹性模量衰减率 R_m 越小，煤层的渗透率越大，煤层气开采效率越高。

第三，将热-流-固耦合数学模型应用于注热开采煤层气工程中，通过建立三维数值模型模拟和分析注热对煤层气产出速率、孔隙压力分布、渗透率变化的影响。研究发现，提高煤层温度，可以促进气体解吸、提高煤层渗透率，从而提高煤层气开采效率。

第四，研究二元气体竞争吸附下煤层渗透率的动态变化规律，建立在煤层中注 CO_2 驱替 CH_4 的热-流-固耦合数学模型，并对该模型进行数值求解。通过将求解结果与试验结果对比，证明该耦合模型的正确性。

第五，以沁水盆地煤层气增产试验为工程背景，利用所建的热-流-固耦合数学模型对 CO_2 驱替 CH_4 进行模拟研究。模拟结果与现场试验数据吻合，表明在煤层中注入CO_2能有效提高煤层气产量。结果还显示，提高温度和注气压力，可进一步增强CO_2驱替CH_4的效果。

由于作者水平所限，书中不妥之处在所难免，敬请读者不吝指正。

作者

2015年1月1日

目　次

第1章 绪 论

1.1 概述

煤层气是指在煤化过程中生成以甲烷为主并以物理吸附形式储集在煤层中的自生自储非常规天然气。据估算，我国在埋深2 000 m以浅处的煤层气资源/储量中，可开采量达36.8亿m^3，仅次于俄罗斯、加拿大，位居世界第3位[1]。近年，人们已充分认识到煤层气是一种高效能源，煤层气富含甲烷，经浓缩净化后也可代替天然气。一方面，由于煤层气燃烧后的发热量大（1 m^3煤层气燃烧所产生的热量约为3.7×10^{10} J[2]），且燃烧后产生的污染小，因此，煤层气已成为近20年世界上崛起的一种优质高效洁净的新能源。另一方面，甲烷（CH_4，煤层气的主要成分）是一种引起全球变暖的温室性气体，是《京都议定书》限定的6种主要温室气体之一[3]，美国环保局1987年关于煤层CH_4的排放对环境影响的研究表明：CH_4的温室效应是CO_2的20多倍，对臭氧层的破坏是CO_2的7倍[4]。因此，煤层气的开采与利用对于缓解我国天然气的不足、减少大气污染和温室效应等均具有重要意义。

我国是世界上最大的产煤及消费煤国家，同时也是发生煤矿灾害事故最严重的国家之一。近10年，由于煤矿灾害事故每年平均损失达1 600亿元，约相当于国民生产总值的3.8%，是发达国家的10倍以上[5]。自20世纪50年代，我国从煤矿安全角度考虑，开始研究并实施井下瓦斯抽采技术，对预防瓦斯突出等灾害事故起到很好的作用。早在20世纪80年代末，美国已将煤层气作为一种新的能源进行开发利用，并形成工业化规模。而直到20世纪90年代，我国才将煤层气开采列入国家科技攻关项目，由煤炭、石油、地矿部门及地方政府和外国公司进行煤层气开采试验研究。截至2008年年底，全国共钻掘煤层气井2 800余口，其中探井540口、水平井65口、开发井2 213口，已投产1 419口。我国煤层气储量探明率极低，仅0.36%（美国为6.4%），虽然资源量比美国多，但是产量却少很多。2008年我国煤层气产量为7.5×10^8 m^3（产能15×10^8 m^3），仅为美国的1.3%[6]，其主要原因是我国煤层气多储存于石炭二叠纪煤层中，主要富气区域的煤质为高阶无烟煤，含气量、原始储层压力和渗透率相对较小，因此单井产量低，开采利用较为困难[7]。

煤层气与石油天然气在赋存状态方面不同：天然气主要以游离状态赋存于储层中，因而易于采出；而煤层气主要以吸附状态赋存于煤层中，因此煤层气开采必须经历解吸、孔隙扩散和裂隙渗流后才能由井筒产出[8]。煤层气在煤体中的解吸速率、扩散速率和渗流速率是影响煤层气产量的重要因素。因此，如何提高低渗透煤层的渗透率和解吸速率，进而提高煤层气产量是目前我国煤层气开发利用所面临的主要难题。提高煤层气采出率，需要解决两个方面问题：一是技术方面，包括钻井的设计参数和抽采设备的技术指标；二是提高煤层渗透率。煤层渗透率越大，达到同一开采效果所需要的时间就越短。

目前，提高煤层渗透率的主要措施有水力压裂技术、定向羽状水平钻井技术和多元气体驱替技术[9]。水力压裂技术是通过压裂液的作用使储层中的孔洞和微裂缝长大以至破坏，甚至形成宏观的水力裂缝，以提高局部范围内储层中煤层气的渗透性能和导流能力。试验发现，水力压裂技术在一些煤层中效果并不理想，原因在于煤层本身结构使其力学强度远远小于其他沉积岩层，在构造运动中受到的影响也最严重，而我国煤系地层恰恰在成煤期后构造破坏严重，塑变性大大增强，煤的骨架强度降低、疏松易碎，使得煤中裂隙（割理）被压缩、扭曲、变形以至不复存在。水力压裂作用于这类煤层时，往往既不能对原有裂隙或割理进一步扩展，也不能产生新的破裂或裂缝，而是使煤层发生塑性形变[10]。定向羽状水平钻井技术的增产原理是：定向羽状水平井的分支井筒能够穿越较多的煤层裂缝系统，最大限度地沟通裂隙通道，增加泄气面积和煤层渗透率，从而提高单井产量。该技术适用于各向异性明显、厚度较大、高煤阶、低渗透、高强度、高含气量且相对稳定的煤层；而对于构造煤、各向异性不明显的煤层、薄煤层以及含气量不稳定的煤层，多分支水平井开发效果则不理想[11]。

多元气体驱替技术起源于减少温室气体排放的 CO_2 煤层封存技术，其基本原理是将从集中排放源分离得到的 CO_2 注入地下深处具有适当封闭条件的煤层中隔离起来[12]，以减少温室气体排放，同时将储存在煤层中的煤层气置换出来。其技术思路如图 1-1[13] 所示：首先，对大规模集中排放源（发电厂、钢铁厂等）的废气进行分离、压缩，得到液体 CO_2；然后将 CO_2 通过输送管道输送至隔离场地，调整压力后注入地下深处不可采煤层。CO_2 注入煤层后，由于煤对 CO_2 的吸附能力大于 CH_4，形成两种气体竞争吸附，导致煤层中的煤层气（主要成分为 CH_4）被置换出来，从而大大提高煤层气解吸速率和产出速率[14]。多元气体驱替技术可使采出率达到 90%以上，单井产量提高 5 倍以上[15]。多元气体驱替技术的应用不仅可减少温室气体 CO_2 的排放量，还可大幅度提高煤层气的采出率，因此其相关研究受到广泛重视。

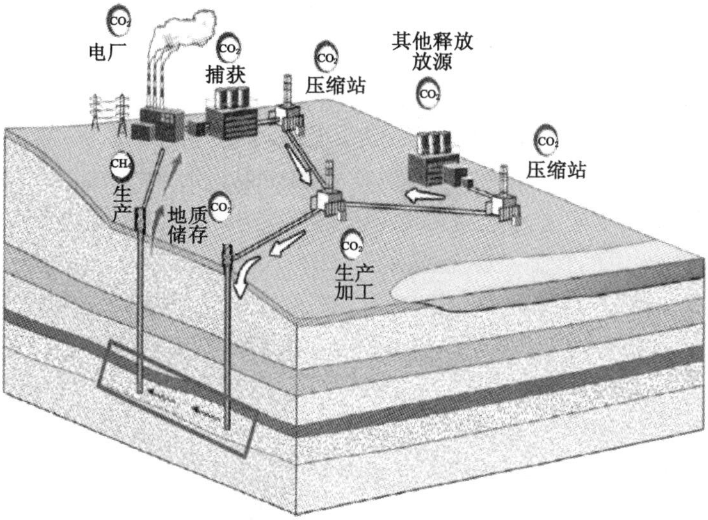

图 1-1 CO_2煤层封存技术[13]

近年，借鉴石油开采中的热力驱油技术，我国专家学者开始研究通过向煤层注热以提高煤层气的开采效率。所谓煤层气注热开采，是指在煤层气开采过程中，向低渗透煤层注入热量，使煤体的温度升高，改变煤岩的变形特性，促使以吸附形式存在于煤体的煤层气迅速解吸为游离状态，有效改善煤层的渗透性和煤层气在煤中的运移特性。煤层气的注热开采技术是煤层气开采理论和技术的一个全新探索。

本书针对煤层气运移过程中复杂的多物理场耦合效应，建立包含煤层变形、煤层气运移、煤层气吸附与解吸作用、温度变化的煤层气渗流和注气驱替(CO_2-ECBM)热-流-固耦合模型，分析煤层气运移的影响因素，研究注热、注气对煤层气开采的影响规律，为我国低渗透煤层煤层气开采提供理论依据和技术参考。

1.2 国内外研究现状

1.2.1 煤层气运移与渗流理论

地下煤层气资源的开采，涉及多孔介质能量和物质的传输过程，渗流力学是研究煤层气在煤中运移规律的理论基础。煤层气运移规律研究涉及渗流力学、固体力学、采矿科学、煤田地质学等许多交叉学科领域。煤层气俗称瓦斯，自 20

世纪 80 年代以来，煤层瓦斯压力分布及瓦斯流动变化规律的研究取得丰硕成果，建立了适合不同条件的瓦斯流动理论，为瓦斯灾害的防治及抽采利用提供了重要理论基础。

(1) 线性瓦斯流动理论

线性瓦斯流动理论的基本要点：煤层瓦斯运移符合线性渗透定律——达西定律。20 世纪 40 年代末，为了适应采矿业的发展，控制瓦斯技术成为当时研究的关键技术，前苏联学者用达西定律来描述煤层内瓦斯的运动，开创性地研究了考虑瓦斯吸附性质的瓦斯渗流问题。

20 世纪 60 年代，周世宁[16]从渗流力学角度出发，认为瓦斯的流动基本符合达西定律，把多孔介质的煤层看成一种大尺度上均匀分布的虚拟连续介质，在我国首次提出了瓦斯渗流理论。

20 世纪 80 年代，众多学者对瓦斯流动的数学模型进行了修正和完善。1984 年，郭勇义[17]就一维情况，结合相似理论，研究了瓦斯流动方程的完全解，并采用朗缪尔方程来描述瓦斯的等温吸附，提出了修正的瓦斯流动方程。1986 年，孙培德[18]在总结前人研究成果的基础上，进一步修正和完善了均质煤层的瓦斯流动数学模型，并发展了非均质煤层的瓦斯流动数学模型。1989 年，余楚新[19]认为煤层气中只是可解吸的部分瓦斯参与渗流，在假设煤体瓦斯吸附解吸完全可逆的情况下，建立了瓦斯渗流控制方程。

(2) 非线性瓦斯流动理论

国内外许多学者对达西定律是否适用多孔介质的气体渗流问题进行了大量研究，结果表明：较多情况下与达西定律有偏差，其主要原因：① 气体流量过大；② 分子效应；③ 流体本身的非牛顿态势。彼特罗祥[20]等发现将达西定律用于描述从均匀煤样中涌出瓦斯的试验结果导致与实际观测不符后，许多学者开始研究不使用达西定律来描述瓦斯的流动。1987 年，孙培德[21]根据幂定律的推广形式，在均质煤层和非均质煤层条件下，建立了可压缩性瓦斯在煤层内的流动数学模型——非线性瓦斯流动模型，并初步提出，幂定律更符合煤层内的瓦斯流动。1991 年，罗新荣[22]经过试验研究，提出考虑 Klinkberg 效应的修正形式的达西定律——非线性瓦斯渗流规律，并建立了相应的瓦斯流动数学模型，指出了达西定律的适用范围。

(3) 基于地球物理场效应的瓦斯渗流理论

随着对瓦斯流动机理研究的深化，许多学者都认识到地应力场等对瓦斯流动场的影响，围绕着煤体孔隙压力和围岩应力对煤体渗透率的影响，以及对渗流定律的修正，建立和发展了固气耦合作用下的瓦斯流动模型。一般将地层中的地应力场、地温场和地电场统称为地球物理场。W. H. Somerton[23]研究了裂隙煤体在三轴应力作用下氮气及甲烷气体的渗透性，得出煤样的渗透性依赖于作用的应力，且与应力史有关，并指出随着地应力的增大，煤层透气率按指数关系减小。S. Harpalani[24,25]、J. Gawuga[26]等学者从瓦斯赋存的地质条件出发，研究了含瓦斯煤样的力学性质、瓦斯渗流和煤岩体间的固气力学效应。在国内，刘保县等[27]首先研究了含瓦斯煤层所处的各地球物理场对瓦斯吸附特性的影响；易俊等[28]进行了应力场和温度场作用下瓦斯的渗流特性试验研究，发现：轴向压力对煤样渗透的影响比围压小；温度增加，煤样的渗透率增加；渗透率与轴向有效应力、有效围压、平均有效应力呈负指数关系；并得到渗透率与应力、温度的表达式。王宏图等[29-31]根据地应力场、地温场以及地电场中瓦斯的渗流特性，确定了煤层瓦斯渗透率 k 与有效应力 σ、温度 T 及电场强度 E 的关系 $k(\sigma,T,E)$，建立了地球物理场中煤层瓦斯渗流方程，该渗流方程可反映地应力场、地温场和地电场对煤层瓦斯渗流的共同影响，为分析研究地球物理场作用下瓦斯的运移规律提供了一定的理论基础。总的来说，创建和发展地球物理场效应的瓦斯流动理论是国内外学者竞相研究的热点。利用该理论，从流体-岩石相互作用方面认识煤层内瓦斯运移的机制，发展考虑地应力场、地温场和地电场等地球物理场作用的瓦斯流动模型及其数值方法，尤其注重发展可变形的孔隙-裂隙介质多相耦合模型及其数值方法[32]，使物理模型更能反映客观事实，进一步完善理论模型及测试技术。

1.2.2　动态渗透率模型研究

煤层初始渗透率取决于地质条件。然而随着开采过程的进行，渗透率受开采行为的影响而呈现动态变化，其原因在于煤层气卸压开采，孔隙压力的变化引起煤骨架有效应力、孔隙率变化，导致煤层渗透率发生变化。研究煤层孔隙率和渗透率的动态变化规律对煤层气开采具有重要意义。

目前，关于渗透率的动态变化模型可分为 4 种类型：考虑煤块弹性变形的单孔渗透模型，考虑压力变化的单孔渗透模型，综合压力、弹性变形的单孔渗透模型，综合压力、弹性变形的双孔渗透模型。

(1) 单孔渗透率模型

① ARI 模型

1990 年，W. K. Sawyer 等[33]第一次提出反映煤层孔隙率、煤层孔隙压缩性与煤体收缩和膨胀间的定量关系，即 ARI(Advanced Resources International)模型：

$$\phi = \phi_0[1 + c_p(p - p_0)] - c_m(1 - \phi_0)\left(\frac{\Delta p_0}{\Delta c_0}\right)(c - c_0) \tag{1.1}$$

$$\frac{k}{k_0}=\left[[1+c_p(p-p_0)]-c_m\frac{(1-\phi_0)}{\phi_0}\left(\frac{\Delta p_0}{\Delta c_0}\right)(c-c_0)\right]^3 \tag{1.2}$$

上述两式中：ϕ 为煤层孔隙率；ϕ_0 为初始煤层孔隙率；c_p 为孔隙体积压缩系数；p_0 为初始煤层气压力；c_m 为煤体压缩系数；Δp_0 为初始脱附条件下最大压力变化量；Δc_0 为初始脱附条件下最大浓度变化量；c 为游离气体浓度；c_0 为初始脱附条件下游离气体浓度。

② Seidle-Huitt 模型

Seidle-Huitt 模型[34]假设所有的渗透率和孔隙率的改变都是由吸附所导致的，因此所给出孔隙率和渗透率变化公式分别为：

$$\frac{\phi}{\phi_0}=1+\frac{\varepsilon_L}{3}\left(1+\frac{2}{\phi_0}\right)\left(\frac{p_0}{p_L+p_0}-\frac{p}{p_L+p_0}\right) \tag{1.3}$$

$$\frac{k}{k_0}=\left[1+\frac{\varepsilon_L}{3}\left(1+\frac{2}{\phi_0}\right)\left(\frac{p_0}{p_L+p_0}-\frac{p}{p_L+p_0}\right)\right]^3 \tag{1.4}$$

上述两式中：ϕ_0 为初始孔隙率；ε_L 为朗缪尔体积应变常数；p_L 为朗缪尔压力常数。

③ Palmer-Mansoori 模型

Palmer-Mansoori 模型[35]在 Seidle-Huitt 模型基础上考虑煤层在压力下的弹性变形，其孔隙率和渗透率变化公式分别为：

$$\frac{\phi}{\phi_0}=1+\frac{1}{M\phi_0}(p-p_0)+\frac{\varepsilon_L}{3\phi_0}\left(\frac{K}{M}-1\right)\left(\frac{p}{p_L+p_0}-\frac{p_0}{p_L+p_0}\right) \tag{1.5}$$

$$\frac{k}{k_0}=\left[1-\frac{1}{M\phi_0}(p-p_0)+\frac{\varepsilon_L}{\phi_0}\left(\frac{K}{M}-1\right)\left(\frac{p}{p_L+p_0}-\frac{p_0}{p_L+p_0}\right)\right]^3 \tag{1.6}$$

上述两式中：$M=E(1-\nu)/(1+\nu)(1-2\nu)$；$E$ 为煤的弹性模量；ν 为泊松比；K 为体积模量。

④ Shi-Durucan 模型

Shi-Durucan 模型[36]在 Palmer-Mansoori 模型的基础上引入压缩系数，将渗透率公式改写为

$$\frac{k}{k_0}=\exp\left\{3c_f\left[\frac{\nu}{1-\nu}(p-p_0)+\frac{\varepsilon_L}{3}\left(\frac{E}{1-\nu}\right)\times\left(\frac{p_0}{p_L+p_0}-\frac{p}{p_L+p_0}\right)\right]\right\} \tag{1.7}$$

式中：c_f 为裂隙的压缩系数；ε_L 为朗缪尔吸附体积应变。

⑤ Cui-Bustin 模型

Cui-Bustin 模型[37]引入孔隙体积模量，将渗透率动态变化表示为应力和孔隙压力的函数如下：

$$\frac{\phi}{\phi_0}=\exp\left\{\left(\frac{1}{K}-\frac{1}{K_p}\right)[(\sigma-\sigma_0)-(p-p_0)]\right\} \tag{1.8}$$

$$\frac{k}{k_0}=\exp\left\{-\frac{3}{K_p}[(\sigma-\sigma_0)-(p-p_0)]\right\} \tag{1.9}$$

上述两式中：K_p 是孔隙的体积模量，写作 $K_p=\phi K/\alpha$；α 为 Biot 系数。

⑥ Robertson-Christiansen 模型

Robertson-Christiansen 模型[38]忽略煤基质的变形，并假设轴向和径向的应力相同，得到渗透率表达形式：

$$\frac{k}{k_0}=\exp\left\{-3c_0\frac{1-\exp[\alpha_c(p-p_0)]}{\alpha}+\frac{9}{\phi_0}\left[\frac{1-2\nu}{E}(p-p_0)-\frac{\varepsilon_L}{3}\left(\frac{p_L}{p_L+p_0}\right)\ln\left(\frac{p_L+p}{p_L+p_0}\right)\right]\right\} \tag{1.10}$$

式中：c_0 是裂隙的初始压缩率；α_c 是裂隙压缩率的变化率。

在上述几个模型中，总应力 σ 均被假设为常数，即 $d\sigma=d\sigma_e-\alpha dp=0$，其中 σ_e 表示有效应力。根据有效应力原理，煤的变形是由有效应力的变化 $d\sigma_e$ 引起的，在总应力不变的假设下，有效应力的变化等效于孔隙压力的变化 dp，而上述几个模型中均没有包含有效应力项。事实上，当煤层受到开挖或开采活动的影响时，上述几个模型应用的局限性便显现出来。

⑦ Zhang 模型

Zhang 模型[39]考虑到总应力变化，引入有效应力，得到含吸附变形的孔隙率方程和渗透率方程分别为：

$$\frac{\phi}{\phi_0}=\frac{1}{1+S}[(1+S)\phi_0+\alpha(S-S_0)/\phi] \tag{1.11}$$

$$\frac{k}{k_0}=\left\{\frac{1}{1+S}\left[(1+S_0)+\frac{\alpha}{\phi_0}(S-S_0)\right]\right\}^3 \tag{1.12}$$

$$S=\varepsilon_v+(p/K_s)-\varepsilon_s;S_0=(p_0/K_s)-\varepsilon_L p_0/(p_0+p_L)$$

上述各式中：ε_v 为煤体体积应变；K_s 为煤体骨架体积模量；p_0 为初始孔隙压力；α 为 Biot 系数。

(2) 双孔渗透率模型

煤是典型的孔隙-裂隙介质。孔隙系统是瓦斯气体的主要储存空间，而裂隙系统则是瓦斯气体的主要渗流通道。在单孔介质的假设下建立的孔隙率和渗透率模型通常将裂隙的渗透率分配到孔隙中，其结果是导致孔隙率偏小而渗透率偏大，与实际有较大偏离。因此需建立反映煤层孔隙-裂隙结构特点的渗透率模型。

① Wu 模型

吴宇等[40]基于弹性多孔介质力学，考虑煤体双重孔隙介质特点分别给出了孔隙系统和裂隙系统的渗透率模型。

孔隙系统的孔隙率和渗透率如下：

$$\frac{\phi_m}{\phi_{m0}} = 1 - \frac{\alpha}{\phi_{m0}K} \cdot \frac{1}{\frac{b_0}{aK_f} + \frac{1}{K}} \left[\frac{\varepsilon_L p_L (p_m - p_{m0})}{(p_L + p_m)(p_L + p_{m0})} - \varepsilon_v \right] \tag{1.13}$$

$$\frac{k_m}{k_{m0}} = \left\{ 1 - \frac{\alpha}{\phi_{m0}K} \cdot \frac{1}{\frac{b_0}{aK_f} + \frac{1}{K}} \left[\frac{\varepsilon_L p_L (p_m - p_{m0})}{(p_L + p_m)(p_L + p_{m0})} - \varepsilon_v \right] \right\}^3 \tag{1.14}$$

裂隙系统的孔隙率和裂隙介质渗透率如下：

$$\frac{\phi_f}{\phi_{f0}} = 1 + \frac{\Delta b}{b_0} = 1 - \frac{3}{\phi_{f0} + \frac{3K_f}{K}} \left[\frac{\varepsilon_L p_L (p_m - p_{m0})}{(p_L + p_m)(p_L + p_{m0})} - \varepsilon_v \right] \tag{1.15}$$

$$\frac{k_f}{k_{f0}} = \left(\frac{\phi_f}{\phi_{f0}} \right)^3 = \left\{ 1 - \frac{3}{\phi_{f0} + \frac{3K_f}{K}} \left[\frac{\varepsilon_L p_L (p_m - p_{m0})}{(p_L + p_m)(p_L + p_{m0})} - \varepsilon_v \right] \right\}^3 \tag{1.16}$$

上述各式中：ϕ_{m0} 为初始基质孔隙率；ϕ_{f0} 为初始裂隙率；ϕ_m 为基质孔隙率；ϕ_f 为裂隙率；k_m 为基质渗透率；k_{m0} 为初始基质渗透率；k_f 为裂隙渗透率；k_{f0} 为初始裂隙渗透率；K_f 为裂隙等效体积模量；p_{m0} 为初始基质孔隙压力；p_m 为基质孔隙压力；ε_v 为体积应变。

② Liu 模型

刘继山等[41]研究应力对渗透率的影响，得到孔隙裂隙组合渗透率关系为：

$$\frac{k}{k_0} = \frac{k_{m0}}{k_{m0} + k_{f0}} \left(1 + \frac{R_m p_m}{K\phi_{m0}} \right)^3 + \frac{k_{f0}}{k_{m0} + k_{f0}} \left[1 + \frac{(1 - R_m)}{\phi_f} (\Delta\varepsilon_v - \Delta\varepsilon_s) \right]^3 \tag{1.17}$$

式中：R_m 为弹模衰减率，是煤体弹性模量与煤基质弹性模量之比；$\Delta\varepsilon_s$ 为吸附应变的增量；$\Delta\varepsilon_v$ 为体应变增量。

通过分析目前广泛使用的渗透率动态变化模型，可以看到这些模型无论是基于单孔介质假设还是基于双孔介质假设，均没有考虑温度对渗透率的重要影响。特别是对于瓦斯这种在煤中主要以吸附状态存在的气体，温度对其吸附/解吸特性具有重要影响。因此，必须建立含温度效应煤层气抽采过程中的渗透率动态变化模型。本书根据煤层气的热-流-固本构方程，结合煤体孔隙、裂隙介质特点，建立含地应力、气体压力、气体吸附/解吸以及温度变化的耦合作用下煤体的动态渗透率模型。

1.2.3 煤层气渗流的多物理场耦合作用研究

(1) 煤层气渗流的流固耦合作用

直到 20 世纪 90 年代以前，有关煤层瓦斯流动规律研究的公开报道中，虽将煤层气看作可压缩流体，但普遍将煤体视为不可变形的介质，这是与实际不符的。在煤层开采过程中，煤层骨架所承受的应力无疑将发生变化，导致煤层骨架的体积和孔隙发生变化，从而使煤层孔隙内气体压力随之发生变化。气体压力的变化，引起煤体吸附气体发生变化，并使煤层骨架所受的有效应力发生变化，由此导致煤岩特性变化；而这些变化反过来又影响煤层气的流动和压力的分布。因此，若使煤层气流动理论的研究更符合实际，则必须研究煤体瓦斯流固耦合作用。

流固耦合理论是一门较新的力学边缘分支，是流体力学与固体力学二者相互交叉而形成的。该理论源于对土固结问题的研究。1925 年，K. Terzaghi[42]首次将流体的流动与多孔介质的变形之间的耦合问题作为研究对象，提出了著名的有效应力公式，并建立了一维固结模型，在土力学中得到广泛应用，该公式迄今仍是研究岩石和流体相互作用的基础公式之一。1943 年，K. Terzaghi[43]将他的一维固结理论推广到三维。随后，M. A. Biot[44,45]进一步研究了三向变形材料与孔隙压力的相互作用，并在一些假设如材料为各向同性、线弹性小变形、孔隙流体是不可压缩的且充满固体骨架的孔隙空间、流体通过孔隙骨架的流动满足达西定律的基础上，建立了比较完善的三维固结理论。尔后，M. A. Biot[46,47]又将此理论推广到各向异性孔隙固体的弹性固结理论，奠定了流固耦合理论研究的基础。在煤与瓦斯耦合方面，J. Litwiniszyn[48]和 S. Valliappan[49]等从不同的角度研究了煤与瓦斯的耦合作用及煤层瓦斯的运移规律。赵阳升[50,51]根据固体变形和煤层瓦斯渗流的相关理论提出了煤体瓦斯固气耦合数学模型，并结合实际分析了巷道瓦斯涌出规律，提出了模型的数值解法。梁冰等[52]在考虑瓦斯吸附变化对煤体本构关系影响的基础上建立了煤层瓦斯吸附变化对煤体变形耦合作用的数学模型，对采动影响情况下考虑煤体变形影响时煤层瓦斯在采空区的流动规律进行了数值模拟分析，为采空区煤层瓦斯抽放提供了科学依据。杨天鸿等[53]根据煤体变形过程中应力、损伤与透气性演化的耦合作用，建立了含瓦斯煤岩破裂过程固气耦合作用模型，并应用该模型模拟分析了深部采动影响下瓦斯抽放过程中煤层透气性的演化和抽放孔周围瓦斯压力的变化规律，认清了开采卸压瓦斯瞬态渗流的力学机制。

(2) 煤层气渗流中热-流-固耦合作用

岩土工程领域中的温度-渗流-应力三场耦合俗称热-流-固耦合。国内外学者对热-流-固耦合方面的研究已有较多成果报道，但绝大部分都是围绕地热资源的开发和利用、核废料深埋处理、石油热采等课题开展的。J. Bear[54]研究了地热资源开采过程中地热区域内地应力、地温以及岩石的渗透率变化的规律。R. W. Lewis[55,56]开展了变温油藏渗流规律和因油气开采引起的地面沉降问题的研究，考虑了温度变化和岩石变形对渗流的影响以及渗流对温度场变化的影响。M. Gutierrez[57]建立了热-流-固耦合模型用来模拟裂缝性储层冷水注入的耦合过程，可惜的是没有考虑岩石变形对温度场的影响，即没有考虑固-热耦合效应，没有建立完全意义上的热-流-固耦合模型。国内学者在此领域的研究工作虽然起步相对较晚，但也取得明显的成绩。王自明等[58]基于对油藏中三大物理场的系统分析，综合运用渗流力学、岩石力学、热力学理论，建立了一个全新的油藏渗流的热-流-固耦合模型，该模型假设岩石骨架是可变形的，油藏内热量按热力学定律自由传递，孔隙流体压力和热应力会导致岩石骨架的变形，反之，岩石骨架的变形又会导致储层渗流特性和孔隙流体压力的改变，还会导致温度场的改变，从而建立了完全耦合的流体渗流方程、岩石变形方程和温度场方程。孔祥言等[59]基于线性热弹性理论，建立了饱和多孔材料多场耦合的完整方程组，包括渗流方程、本构方程和能量方程，并讨论了其在相关工程技术领域的应用。盛金昌等[60]建立了一组饱和多孔岩体的热-流-固三场耦合方程组(其中包括固体变形、能量传输、流体流动 3 个相互耦合的过程)；给出了该方程组在FEMLAB软件中的详细数学表达；着重分析了钻井过程中的热-流-固耦合作用过程，讨论了井壁温度突然降低后井壁附近围岩的孔隙水压力、温度、应力的变化过程，提出更为准确的井壁应力分布。

对于油藏系统，热-流-固耦合作用机理的研究已较为成熟，但不能将其简单地推广至煤层气热-流-固耦合问题，这是由于煤层气不同于常规油气藏，煤层气的 90%左右主要以吸附态存在，吸附气体在外界影响(如温度增加、压力减小)下会解吸，因此，对于煤层气的研究可以借鉴其他气藏研究方法与思路，但不能完全照搬其结果。在热-流-固耦合问题中，温度以及吸附气体对煤体孔隙率的影响是温度场、渗流场与应力场耦合研究的重要枢纽。以往的研究成果中，多考虑到有效应力对煤孔隙率的影响而忽略温度和气体压力[61,62]。随着当前煤矿开采深度的增加，越来越多高温矿井出现，热效应已成为影响煤体中煤层气流动至关重要的因素之一。据相关资料统计，在中国开采深度达 650 m 的矿井中，平均原始岩温为 35.9～36.8 ℃，而在开采深度超过 1 000 m 的矿井中，原岩温度高达 40～45 ℃[63]。若要进行更切合现场实际的煤层瓦斯渗流规律的研究，就不能仅仅只考虑采深增加而引起的煤层高地应力和低渗透性，而且需要将采深增加引发的高温效应考虑在内，即要将地球物理场中的温度场、渗流场和应力场三场同时耦合考虑。然而，现有关于煤层气热-流-固三场耦合作用的研究资料较少。其中，梁冰[64,65]和刘建军[66,67]等研究了非等温情况下煤层瓦斯流动规律，并建立了热-流-固三场耦合模型，进行了数值模拟求解，较好地揭示了煤层气流动的热-流-固三场耦合作用机理。该模型的特点是：在渗流场方程中考虑了煤岩变形场和温度场变化;煤岩变形场方程中反映有瓦斯气体渗流场的瓦斯压力;煤层温度场方程中体现有瓦斯解吸的微分热能效应。但是,该模型在变形场方程中没有考虑温度场的作用,同时,在温度场方程中没有体现变形场的作用,使得该模型的应用受到一定条件的限制。事实上,煤层气渗流过程是温度、瓦斯气体压力及其解吸、煤层变形相互作用的过程,是温度场、瓦斯气体压力场与煤层变形场的耦合作用过程,属热-流-固耦合作用问题。之后,郭永存等[68]考虑煤层气渗流场、温度场、变形场耦合关系,根据多相流体达西定律、质量守恒定律、多孔介质弹塑性理论、有效应力原理、传热学理论建立了煤层气的气水两相流阶段渗流方程、变形方程和温度场方程,给出数值求解渗流方程的定解条件,从而得到煤层气在气水两相流阶段热-流-固渗流数学模型,但没有对数学模型进行求解。杨新乐、张永利[69,70]进行了不同温度条件下煤瓦斯渗透率测定实验,得到煤体渗透率会受到有效应力、气体吸热和煤固体受热的影响,并在此基础上建立流固耦合模型,但模型中没有考虑温度场的影响。李志强、鲜学福[71]建立了应力、温度影响下的煤层气渗流控制方程,方程体现了地应力和地温对煤层气压力、含量、渗透率和孔隙率的影响,但没有考虑渗流场对应力场以及温度场的影响。建立煤层气三场一般耦合意义上的物理力学模型和控制方程仍是人们研究的热点和难点[72]。本书基于弹性力学、渗流力学、热力学研究煤层气在多场耦合作用下的运移规律。

1.2.4 煤层气的注热开采技术研究

注热增产煤层气思想源于石油开采中的热力驱油。石油部门为了提高石油采出速率即油井日产量,特别对于稠油通过向油层注入热流对油层加热,提高温度来降低油的黏度,从而提高石油采收率[73]。近年,借鉴石油开采中的这种增产方式,一些学者开始了对注热提高煤层气采收率的研究。其增产机理在于温度升高可以减小煤对煤层气的吸附量,改善煤层渗透规律,从而提高单位时间的煤层气产量,实现煤层气强化开采[74]。

温度改变对于渗透影响一直是注热开采研究的焦点问题,大量学者进行了相关问题的研究。程瑞端等[75]在变温条件下对四川华蓥山煤田绿水洞煤矿和重庆涪陵地区水江煤矿重塑煤样的(甲烷)渗透率进行了实验研究,结果发现煤样的渗透率随着温度的升高而呈幂指数规律升高。李志强等[76]通过实验研究发现渗透率与温度的关系取决于有效应力与热应力的对比关系。低有效应力条件下,温度升高,煤体外膨胀,孔隙张开,渗透率随着温度的升高而升高;高有效应力条件下,渗透率随温度的升高而降低,但具有两种不同的影响机制:一种原因是,温度升高,煤体塑性增强,无外载时,孔隙张开程度和煤基质膨胀变形程度较大，当加载较高有效应力时，煤体具有更大的压缩性，使得渗透率大大降低，煤体渗透率随温度升高而下降；另一种原因是，较高的有效应力限制了煤体向外膨胀，温度升高，煤基质颗粒向内膨胀，堵塞了孔隙喉道，使得渗透率随温度升高而降低。胡耀青等[77]研究了在不同应力、不同温度条件下内蒙古乌盟矿区褐煤渗透规律，得出随着煤层埋藏深度的增加，即体积应力的增加，褐煤渗透率总体呈下降趋势；在温度和体积应力不变的情况下，褐煤随着孔隙压力的增大，渗透率呈先下降再增大的趋势，其临界点为 2 MPa 左右；在体积应力和孔隙压力不变的情况下，随着温度的升高，褐煤的渗透率变化呈先下降、再急剧增大、再减小的趋势，渗透率的极低点温度为 50 ℃左右，极高点温度为 80 ℃左右；当温度小于 50 ℃时，随着孔隙压力的增大，渗透率呈下降趋势，当温度高于 50 ℃时，随着孔隙压力的增大，渗透率呈上升趋势。冯子军等[78]研究了晋城无烟煤和兴隆庄气煤试样在恒定原岩应力条件下不同温度时渗透特性的演化规律，发现煤体渗透率随温度的变化呈现阶段性：室温至阈值温度为第一阶段，渗透率随温度的增加而降低；阈值温度至峰值温度为第二阶段，渗透率随温度的升高而增加；高于峰值温度后，渗透率随温度的增加而降低。陶云奇、许江等[79]建立了综合考虑有效应力、温度及瓦斯压力共同影响的渗透率动态演化模型，并利用渗透性试验验证了其结果。大量研究表明：温度对于煤层气渗透有一定影响，通过改变煤层温度可以提高煤层渗透率，增强煤层气开采效率。然而对于煤层气注热开采技术现仍处于实验室研究阶段，其增产机理及相关技术仍需要进一步研究。

1.2.5 煤层气开采的气体驱替技术研究

目前，一些发达国家主要着眼于气体驱替技术，实施对象为渗透性较好的不可采煤层，相关研究主要集中在气体驱替技术现场试验研究、气体驱替技术机理研究、气体驱替技术数值模拟等。

(1) 气体驱替技术现场先导性试验

美国是世界上最早利用在煤层中注入 CO_2 来提高煤层气采收率的国家，也是研究投入最多的国家。美国的 coal-seq 项目是世界上第一个也是迄今为止规模最大的一个注气驱替煤层气技术（ECBM）现场试验项目[80]。该项目包括两个现场试验，分别为位于 Allison Unit 的 CO_2-ECBM 试验[81]和位于 Tiffany Unit的 N_2-ECBM 试验[82]，试验地点位于美国西南部的圣胡安（Sun Juan）盆地。Allison Unit 现场试验由 4 口 CO_2 注入井和 16 口煤层气生产井组成，生产井自 1989 年开始进行煤层气生产，在进行了 6 年的单纯开采后，煤层气产量大幅度减少，1995 年开始注入 CO_2，CO_2 注入作业一直延续到 2001 年。结果发现，煤层气产气量增加了 150%，采收率达 95%。该项目共封存 CO_2 277 kt[83]。

Allison Unit 在煤层中封存CO_2 的成功实践为世界许多国家提供了宝贵经验，同时也暴露了CO_2 煤层封存研究尚存在许多理论空白。

加拿大对CO_2 地质处置的研究开始也较早，并且在 Alberta 盆地的 Fenn Big Valley 建立了煤层处置CO_2 工程的试验场。Fenn Big Valley 的煤层埋深为 1 250～1 300 m，煤层的渗透率很大，在 1～5 mD 之间，很适合CO_2 封存。试验过程中注入的气体分别为纯CO_2、烟道气和富含 CO_2 的烟道气[84]。注纯CO_2 时，共注入CO_2 200 t，煤层绝对渗透率从 3.56 mD 降低到 0.98 mD；注入烟道气时，共注入烟道气 110 t，煤层绝对渗透率从 0.98 mD 增加到 23.7 mD；注入富含 CO_2 的烟道气时，共注入烟道气 120 t，煤层绝对渗透率从 1.18 mD 增加到 13.8 mD。从这个试验结果可以看出，存在最佳注入气成分比[85]。

欧盟自 2001 年开始 Recopol 项目，它是目前欧洲大陆最成功的煤层封存 CO_2 先导性试验示范项目。该项目的目的是研究将CO_2 封存在煤层中的技术和经济可行性。试验地点位于波兰的 Upper Silesian 盆地。该试验于 2003 年 9 月开始注CO_2，注入深度约为 1 200 m，注气作业持续到 2005 年年底结束，共注入 CO_2 760 t[86]，同时发现 CH_4 产量明显增加。Recopol 工程为欧洲大陆进行煤层中封存CO_2 和CO_2-ECBM 工程提供了成功经验[87]。

日本于 2004—2005 年在北海道(Hokkaido)的 Ishikari 盆地开展了CO_2-ECBM 现场试验研究[88]。试验共注入CO_2 461 t。

中国和加拿大两国政府在 2002 至 2006 年开展CO_2-ECBM 技术方面的合作，在中国山西沁水盆地联合进行了CO_2 煤层封存和提高煤层气采收率技术方面的试验研究。试验选择位于沁水盆地南部的 TL-003 井作为试验井，目标煤层为 3 号煤层，该井是一个已有近 5 年生产历史的试验井，煤层气产量已降至 500 m^3/d。试验工艺流程为：预生产、注CO_2、焖井、煤层气生产，此次试验共注入CO_2 192.8 t[89]。

(2) 气体驱替机理的研究

研究 CO_2 煤层封存或者气体驱替煤层气技术机理，必须进行两方面的研究：① 测定煤对纯 CO_2、CH_4、N_2 的吸附量；② CO_2、CH_4、N_2 的竞争吸附关系。这是由于：准确测定煤对 CH_4 的吸附量，对评估煤层气储藏量和煤层气产出量和采收率有重要意义；准确测定煤对 CO_2 的吸附量有利于评价 CO_2 的封存潜力；准确测定煤对 CO_2、CH_4、N_2 的吸附量及优先吸附特性，有利于评价注气驱替煤层气的效果。

研究表明，煤对煤层气的吸附作用在一定煤层气压力下是物理吸附，其吸附热一般小于 20 kJ/mol。煤表面的原子(它们的价力尚未达到完全饱和程度)在其表面产生一种力场。在这种力场的影响下，周围的气体分子比无力场存在时更易凝结。煤层气的凝结能力决定着它的被吸附能力，煤分子对气体分子的吸引力越大，煤对气体的吸附量越大。煤分子和气体分子之间的作用力由德拜诱导力和伦敦色散力组成，由此形成吸附势，即吸附势阱深度 E_a（也称势垒）。自由气体分子必须损失部分所具有的能量才能停留在煤的孔隙表面，因此吸附是放热的；处于吸附状态的煤层气气体分子只有获得能量才能越出吸附势阱成为自由气体分了，因此脱附是吸热的。煤体的气体吸附性质主要影响因素有气体压力、温度、煤结构和煤的变质程度。当气体压力增大时，煤层气气体分子撞击煤体孔隙表面的几率增加，吸附速度加快，煤层气气体分子在煤孔隙表面上排列的稠密度增加[89]。因此，煤层气吸附量随着煤层气压力的增大而增大，当煤层气压力达到一定值后，煤的煤层气吸附量将趋于定值。气体温度越高的分子热运动越剧烈，其动能越高，煤层气气体分子的动能增加，获得高于吸附势阱的能量发生脱附可能性越大，因而吸附能力下降。煤结构对煤层气吸附特征的影响主要表现在结构紊乱、质地松软、裂隙发育的煤体在气体压力的作用下，吸附量较大；反之，煤的结构比较完整、致密、质地均一、裂隙不甚发育甚至不发育时，在煤层气压力作用下，由于煤层气不易进入煤体内部，吸附量较小。在同样的气体压力作用下，变质程度高和变质程度低的煤吸附气体的能力均大于变质程度中等的煤[90]。

R. Stanton 等[91]对美国 13 个低阶煤样（亚烟煤和褐煤）进行了 CH_4 和 CO_2 吸附试验研究，如图 1-2 所示，发现煤对CO_2 的吸附量远大于对 CH_4 的吸附量，最高甚至可达 8∶1，且随煤中水分的增加煤吸附气体能力降低。

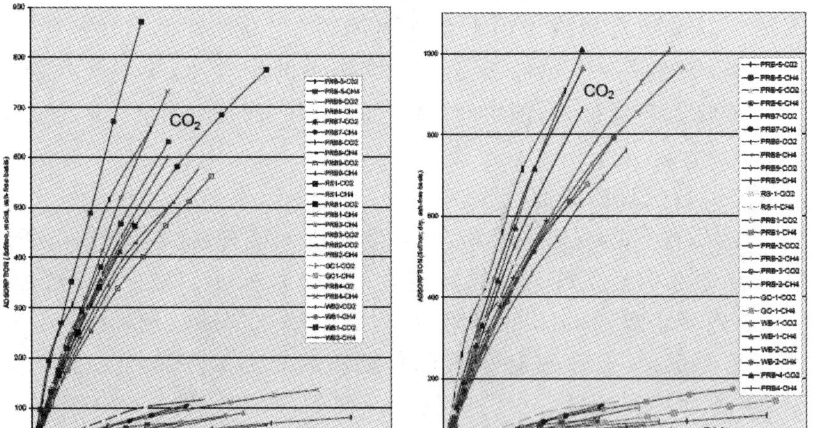

图 1-2　美国 13 个低阶煤样 CH_4 和 CO_2吸附量曲线[91]

(a) 湿煤样；(b) 干煤样

张庆玲等[92]通过3种不同煤级煤样对纯组分CO_2、CH_4和N_2及不同配比浓度的二元混合气的等温吸附试验，探讨了煤对混合气体的吸附特征及混合气体中各组分的吸附特征，分析了多组分气体吸附实验中游离相气体组分变化规律。结果表明：① 不同煤级煤对多组分气体的吸附等温线形状与其单组分的曲线相似；② 混合体系中煤的吸附特性受吸附气体原始含量、物理化学性质和煤的变质程度控制；③ 气体在组分中的含量越高，其吸附量就越小，某一组分的吸附量因其吸附性质的不同，初始含量对吸附量的影响程度不同。

M. S. Gruszkiewicz 等[93]研究了CO_2、CH_4以及它们的等比例混合气体的吸附动力学行为。

崔永君等[94]通过对长焰煤、气煤、焦煤和无烟煤分别吸附CH_4、N_2和CO_2单组分气体的研究，探讨了不同煤级煤吸附3种单组分气体的特征以及相互间的差异性，发现CO_2/CH_4和CH_4/N_2值随煤级和平衡压力的变化而变化，并非简单的2倍关系。

总之，研究者普遍认为煤对多元混合气体的吸附，每种气体不是独立的，而是存在不同气体间的竞争吸附。二元气体的吸附等温线总是介于吸附能力强和吸附能力弱的纯组分气体吸附等温线之间，气体组成的百分比和成分不同，所得的等温线也不同。因此，多元气体的吸附等温线较纯组分气体的吸附等温线复杂得多。

(3) 多元气体驱替机理的数值模拟

ECBM过程中煤层气的运移是一个非常复杂的过程，包括煤层气和注入气体的竞争吸附、扩散以及渗流等，是一个多相流体多物理场耦合的过程。该过程非常复杂，即使建立了完整的数学模型，其求解也相当困难，因此，目前国内外学者在建立ECBM过程模型时一般都作了一些假设，使求解变得简单。当然，所作的假设不一样，得到的模型也会不一样。

E. Ozdemir[95,96]建立了CO_2煤层气封存及驱替煤层气过程的CO_2-CH_4两组分气水耦合渗流模型，并利用Aihena Visual软件包编写程序对模型进行求解。该模型考虑了注CO_2驱替煤层气过程中CO_2及CH_4与煤层中水分的耦合流动，但是没有考虑煤岩吸附气体和气体解吸引起的变形以及渗流场和应力场的耦合。

C. J. Seto 等[97]建立了CO_2煤层封存和ECBM过程的4组分(CO_2、N_2、CH_4、H_2O)气-水两相流模型。该模型在原有模型的基础上考虑多组分混合气体的竞争吸附和解吸过程。

郑爱玲等[98]建立了注气驱替煤层气的完整的三维拟稳态非平衡吸附数学模型和数值模型，并根据所建立的模型开发了注气驱替煤层气的计算机程序。

该模型考虑了多组分混合气体的竞争吸附和扩散过程，考虑了气相在水相里面的溶解，但是该模型没有考虑吸附、解吸引起的煤体膨胀、收缩现象，没有考虑煤层气产出过程中煤层孔隙率和渗透率的动态演化。

孙可明[99]根据煤层特性和煤层甲烷运移属性，将煤层抽象为双重介质模型，并建立了反映解吸、扩散、渗流过程的低渗透双重介质气水两相流流固耦合模型和注气增产煤层气多组分流体流固耦合模型，详细推导了双重介质气水两相流流固耦合模型和煤基质系统扩散项的数值解法。这一模型考虑了固体变形场对孔隙率和渗透率改变的影响，但没有考虑吸附、解吸引起的煤体膨胀、收缩现象。

白冰[100]研究了 CO_2 煤层封存问题，在研究中考虑煤岩体的吸附膨胀效应，建立了 CO_2-ECBM 过程的气固耦合数学模型。模型考虑了渗透率动态变化，但未考虑煤体双重孔隙介质特点。

杨宏民等[101]建立了煤层气体流动的渗流、扩散、多元气体吸附解吸等多物理场耦合数学模型，基于 COMSOL Multiphysics 有限元模拟软件，模拟了煤层注入 N_2 和 CO_2 时钻孔气体排放流量和抽放流量的变化规律，研究表明注 CO_2 促抽排瓦斯效果优于注 N_2。模型中考虑了渗透率动态变化，但未考虑煤体双重孔隙介质特点。

陈中伟等[102]将煤体看作单孔介质，建立了包含气体竞争吸附、竞争扩散、气体渗流以及煤体变形的多物理场耦合数学模型。模型中包含煤层变形方程、适用于变应力边界的孔隙率和渗透率方程、二氧化碳和 CH_4 气体的对流扩散耦合方程。在此基础上探讨 CO_2 注入速度和 ECBM 生产敏感性条件。此模型考虑了煤体吸附变形，但没有考虑到煤体的双重孔隙介质特点。

注热与注气驱替开采煤层气过程耦合了复杂的物理、力学和化学作用等多个物理场的耦合作用，其中尚有许多关键性的理论问题亟待解决：

① 目前有关含气煤体多物理场耦合问题的研究大多局限于流固耦合问题情形，随着煤矿开采深度增加，地热的影响效应越来越明显。因此，有必要考虑温度场对煤层气运移规律的影响。

② 温度升高使煤层气的吸附与解吸的平衡状态被打破，大量煤层气解吸使得煤层气压力增加，随之会使煤层的变形和渗透性发生变化。因此，迫切需要建立考虑温度作用的多物理场耦合控制方程，揭示煤层气运移、煤体变形和温度作用的多物理场耦合作用机理。

③ 注热与注气驱替开采煤层气是一种新兴的煤层气开采技术。但是，注热与注气的机理和工艺参数的确定，包括温度值的控制、注气的压力、注入气体的种类、注入气体的封存等问题都有待深入研究。

1.3 研究内容及技术路线

1.3.1 研究内容

煤层气的运移与渗流规律研究是煤层气开采技术研究的基础，它受煤层吸附与解吸、煤的变形与应力场、温度变化等多物理场耦合作用的影响，是复杂的多物理场耦合问题。本书采用理论分析与数值模拟相结合的方法，系统地研究煤层气开采注热、注气过程中热-流-固耦合作用机制及对煤层开采的影响，揭示煤层气注气与注热开采的力学机理。主要研究内容包括：

（1）建立考虑温度作用的双重孔隙介质渗透率变化模型。根据煤的结构特点，将其分为裂隙系统和孔隙系统。孔隙系统为气体的存储空间，其中既有吸附态气体也有游离态气体。而裂隙系统是气体运移的通道，在其中只有游离态气体。气体运移中气体压力变化会改变煤层的有效应力，温度变化使煤体产生热膨胀，这两种作用均会使煤层产生变形，从而改变煤层的渗透率。建立孔隙系统和裂隙系统的渗透率变化模型。

（2）建立煤层气的热-流-固耦合作用控制方程。包括：根据多孔介质弹性力学原理建立煤体变形的控制方程；根据气体的质量平衡方程、气体流动的达西定律、动态渗透率模型建立气体在孔隙、裂隙中运移控制方程；根据能量守恒规律建立温度场控制方程。并利用 COMSOL Multiphysics 软件，对建立的煤层气热-流-固耦合方程进行数值求解，分析煤层裂隙发育程度、地应力状态、初始温度对煤层气开采的影响。

（3）研究注热对煤层吸附与解吸、煤层渗透率的影响。通过实验数据，回归得到吸附常数与温度的关系，从而得到温度、压力共同作用下的吸附方程。

（4）建立CO_2-ECBM 热-流-固耦合控制方程。根据多孔介质弹性力学原理建立二元气体的煤体变形控制方程。根据二元气体的对流扩散方程和达西定律建立气体运移控制方程。根据能量守恒定律建立温度场控制方程。以具体实验参数为基础，建立物理模型数值求解CO_2-ECBM 热-流-固耦合控制方程，对方程的正确性和合理性进行验证。

（5）应用CO_2-ECBM 热-流-固耦合控制方程，分析沁水盆地CO_2-ECBM 先导试验。利用沁水盆地试验现场参数以及所建CO_2-ECBM 流固耦合控制方程，分析注气和不注气两种开采方式对煤层的力学响应和 CH_4 产量。在此基础上，考虑温度场的影响，基于热-流-固耦合分析温度、注气压力等对CO_2-ECBM 的影响。

1.3.2 研究技术路线

研究技术路线如图 1-3 所示。

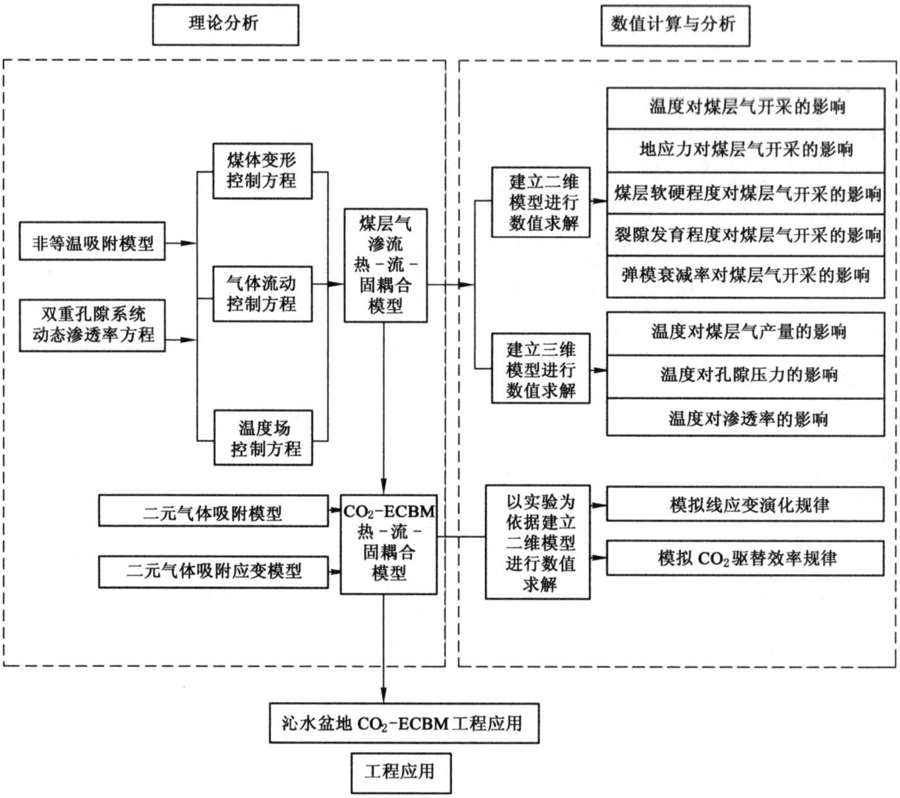

图 1-3 研究技术路线

第 2 章　煤层气开采热-流-固耦合控制方程

2.1　煤的结构特征

煤层既是煤层气的源岩，又是煤层气赖以储存的载体。作为一种有机储层，必须具备一定的孔隙和足够大的比表面积，才能有效储存煤层气；同时又必须具备一定的、相互连通的裂隙，才能使煤层气有效产出。煤层气储层具有特殊的性质和结合方式，其与常规油气储层相比最重要的区别在于它是一种由基质孔隙和裂隙组成的双重孔隙介质。双重孔隙介质最早由 I. P. arenblatt[103] 提出，他把岩体看做由含有孔隙空间的岩块和分割岩块的裂隙空间组合而成。基质孔隙和裂隙的大小、形态、孔隙度及连通性等决定了煤层气的储集、运移和产出。煤层气储层的基质孔隙又称为微孔隙，直径一般为 50～100 nm。煤的微孔隙极其发育，煤层气绝大部分是吸附在微孔隙表面的。煤层气储层的裂隙孔隙系统中一般有两种裂缝系统：一种是由地质构造作用造成的，称为外生裂隙；另一种是在煤化作用过程中由于煤中凝胶化物质受温度和压力等因素的影响，体积均匀收缩产生内张力而形成的，其力学性质是张性的，称为割理煤中裂隙，亦称割理。割理分为面割理和端割理，两者相互垂直，将煤基块切割成基质块体，如图 2-1 所示。

双重孔隙介质几何模型是煤层气储层数值模拟的基础，是在长期对煤层观测研究的基础上建立起来的一种概念性模型。由于自然界煤储层千变万化，很难用一个统一的几何模型概括，比较经典的双重孔隙介质模型有 Warren-Root 模型[104]、Kazemi[105] 模型和 De Swann[106] 模型。目前，Warren-Root 模型（图 2-2）被广泛应用于煤层气储层数值模拟软件。该模型认为煤体理想化地被面割理和端割理切割成若干个立方体基质块，煤层气主要赋存在基质孔隙中，在降压排采过程中煤层气由基质孔隙表面解吸并扩散到割理系统中，然后沿割理以达西流运移到煤层气井被产出。也就是说，割理主要控制着煤储层的渗透率，影响煤层气产出速率。

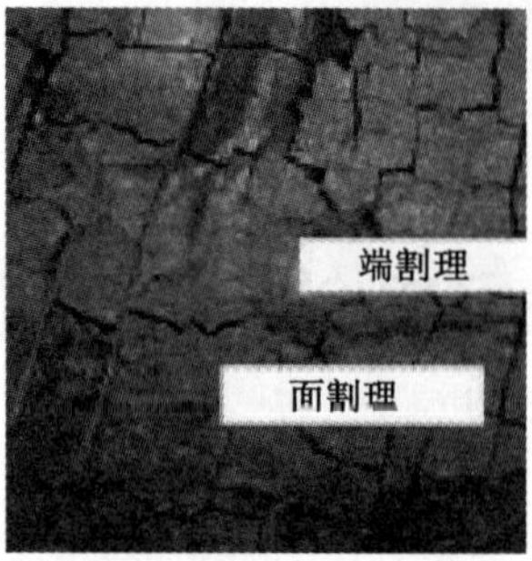

图 2-1　煤中的割理

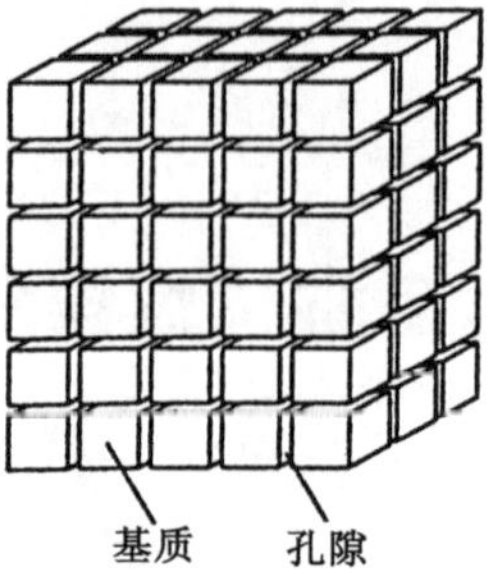

图 2-2　Warren-Root 模型

2.2　煤对气体的吸附特征

煤层气主要以吸附形式赋存于煤基质的微孔隙中，这种形式决定了吸附作用在煤层气储集机理和运移规律中的重要地位。煤对气体的吸附属于物理吸附，吸附状态气体和游离状态气体处于一种动态平衡，具有可逆性。当气体压力发生变化时，原来的吸附/解吸平衡被打破，气体会在吸附态和游离态之间转换以达到新的平衡。煤的等温解吸曲线与等温吸附曲线是相同的，符合朗缪尔等温吸附模型。因此，可以根据煤的朗缪尔等温吸附曲线来描述气体的解吸过程，其表达式[107]为

$$V = \frac{V_L p}{p_L + p} \tag{2.1}$$

式中：V 为吸附量；V_L 为朗缪尔体积常数，反映煤体的最大吸附能力；p_L 为朗缪尔压力常数，代表吸附量等于 $0.5V_L$ 时的孔隙压力。通过实验可准确测定 p_L 和 V_L。

式(2.1)也可写作

$$V = \frac{V_L bp}{1 + bp} \tag{2.2}$$

式中：$b=1/p_L$ 为朗缪尔吸附常数。

研究表明，煤的吸附能力与煤体温度有关[108]，吸附过程为放热过程，随着煤体温度的升高，气体的吸附量减小，因此，使用朗缪尔等温吸附模型研究煤吸附规律有一定局限性。

定量研究温度对吸附影响的思路主要有以下两种：

(1) 研究温度对朗缪尔吸附常数的影响

前苏联学者 B. B. Ходот 的实验资料显示[109]，朗缪尔体积常数 V_L 值基本上不随温度而变化，而吸附常数 b 值则随温度的升高而减小。崔永君等[110]研究不同煤级的煤有着不同的吸附特征，对此已取得了共识，但采用不同的样品和实验方法会得到不同的结论。虽然研究人员对不同煤级煤吸附性能的认识不同，但都同意煤吸附甲烷属于物理吸附这一观点，并用朗缪尔方程描述压力与吸附量的关系。张庆玲等[111]采用静态容量法，基于朗缪尔方程对不同煤级的煤样进行了不同温度条件下的等温吸附实验，实验结果表明，随温度升高朗缪尔体积常数 V_L 值的变化趋势不太明显，总体略有下降，说明温度对 V_L 值的影响不大；而 b 值则随温度升高而明显减小，说明随温度升高解吸过程增强。这些成果均与前苏联学者 B. B. Ходот 的结论一致。然而，赵志根等[112]对 3 个煤样在 30 ℃、50 ℃、70 ℃条件下进行的等温吸附实验表明，随着温度升高，朗缪尔体积常数 V_L 降低，但最终都趋于一个稳定值，因此认为饱和吸附量与温度存在相关关系，据此，可以预测深部煤层的吸附甲烷含量。刘建军[113]研究发现，朗缪尔体积常数 V_L 值随温度升高而降低，而 b 值则随温度升高变化规律不明显。

(2) 基于吸附势理论的吸附规律

苏现波等[114]根据吸附势理论，结合实测等温吸附数据绘制了煤吸附 CH_4 的吸附势特性曲线，然后建立反映吸附量与温度和压力之间关系的数学模型。此模型可在已知某一温度下的吸附等温线时，计算任一温度、压力共同作用下煤的吸附能力，也就是储层条件下的理论最大含气量。该模型可定量评价地质历史时期煤层气的聚集与散失。

张群等[115]选取暗褐煤、气煤、焦煤、贫煤和无烟煤等有代表性煤阶的系列煤样，进行了 20 ℃、30 ℃、40 ℃、50 ℃等不同温度下的高压等温吸附试验；应用吸附势理论，研究了煤的 CH_4 吸附特征曲线的形态特点，推导出新的煤吸附 CH_4 的温度-压力综合吸附模型：

$$V = De^{mRT\ln\frac{p}{p_c}}(T/T_c)^k \tag{2.3}$$

式中：D 和 m 为吸附特征常数。该模型的预测结果与吸附试验数据非常吻合，平均相对偏差小于 5%，说明该模型能够很好地描述温度和压力共同作用下，包括特低煤阶的暗褐煤和特高煤阶的超无烟煤在内的全部煤阶的煤对 CH_4 的吸附特性。

综上所述，由于煤吸附受多种因素的影响，所建数学模型无一例外地都会引入实验拟合参数，并且对于不同煤体其拟合参数不同。对比以上述两种思路建立的数学模型，在精确度方面第二种优于第一种，但第二种在数学形式上较为复杂，不利于分析计算，因此本书仍采用第一种方式来处理非等温吸附问题。

利用文献[116]中崔家沟 7 号煤的实验数据进行拟合，得到朗缪尔体积常数

V_L 和吸附常数 b 与温度 T 的关系（图 2-3、图 2-4）：

$$\begin{cases} V_L = 0.1233 - 0.000345T \\ b = 30.13 - 0.1965T + 0.000325T^2 \end{cases} \tag{2.4}$$

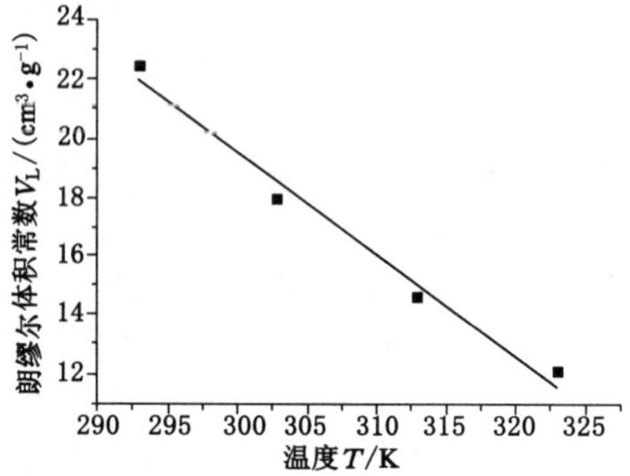

图 2-3　朗缪尔体积常数 V_L 与温度 T 的关系

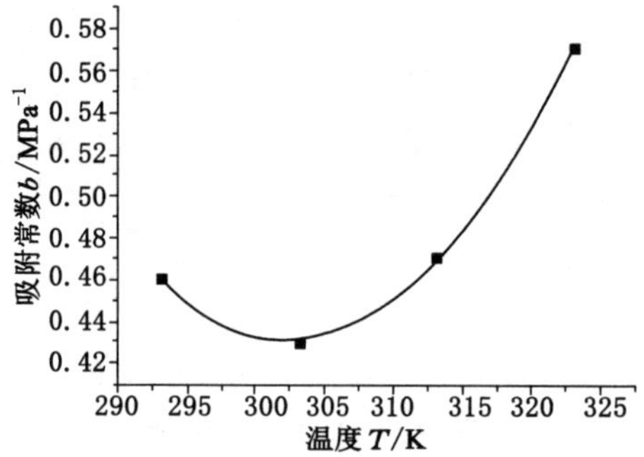

图 2-4　吸附常数 b 与温度 T 的关系

后续研究中均将按此规律分析温度对吸附的影响，得到温度和压力共同影响下的煤层吸附规律。

2.3　煤层气开采热-流-固耦合控制方程

2.3.1　基本假设

在煤层气开采过程中，储层压力下降和孔隙压力促使气体解吸，解吸气体经历向基质中扩散、裂隙中渗流而到达井边，同时这种气体运移过程也会改变煤层骨架有效应力，使煤体骨架发生变形，且气体流动由于热对流效应也会影响到煤体内温度场分布；煤体骨架的变形可导致煤体孔隙率、渗透率等物性参数的变化，从而影响孔隙流体的渗流过程，同时由于煤体变形产生形变能，亦会影响温度场分布；温度场通过影响渗透率和气体压力改变煤层气渗流场，同时亦会产生热应力而影响煤体变形。总之，气体在煤中运移过程是温度场、渗流场和应力场共同作用的动态热-流-固耦合过程。

为了建立煤层气在煤中运移的热-流-固耦合数学模型，作以下假设：

① 煤体是弹性孔隙-裂隙双重介质；

② 煤体的变形符合小变形假设；

③ 忽略温度对气体动力黏度的影响；

④ 瓦斯为理想气体，符合理想气体状态方程；

⑤ 煤中的煤层气是饱和的；

⑥ 同一点气体和煤体的温度相同；

⑦ 忽略基质孔隙与裂隙间的压力差。

2.3.2　煤体变形控制方程

（1）平衡微分方程

忽略惯性力作用，平衡方程可以表示为

$$\sigma_{ij,j} + f_i = 0 \quad (i = 1,2,3; j = 1,2,3) \tag{2.5}$$

式中：σ_{ij} 为应力张量的分量；f_i 为体积力分量。

（2）几何方程

应变分量与位移分量应满足几何方程

$$\varepsilon_{ij} = \frac{1}{2}(u_{i,j} + u_{j,i}) \tag{2.6}$$

式中：ε_{ij} 是应变张量分量；u_i 是位移分量。

（3）含吸附作用煤体本构方程

基于多孔介质弹性理论，含吸附作用的煤的本构方程为

$$\varepsilon_{ij} = \frac{1}{2G}\sigma_{ij} - \left(\frac{1}{6G} - \frac{1}{9K}\right)\sigma_{kk}\delta_{ij} + \frac{\alpha}{3K}p\delta_{ij} + \frac{\varepsilon_s}{3}\delta_{ij} + \frac{\alpha_s \Delta T}{3}\delta_{ij} \tag{2.7}$$

式中：ε_{ij} 为应变张量分量；σ_{ij} 为应力张量分量；G 为剪切模量；δ_{ij} 为 Kronecker 符号（$i,j=x,y,z$）；α 为 Biot 系数，$\alpha=1-K/K_s$；K_s 为煤体骨架的体积模量；K 为煤的体积模量；$\sigma_{kk}=\sigma_{11}+\sigma_{22}+\sigma_{33}$ 为正应力分量；α_s 为热膨胀系数；ΔT 为温度增量；ε_s 为气体吸附应变，其表达式为

$$\varepsilon_s = \frac{\varepsilon_L p}{p_L + p} \tag{2.8}$$

式中：ε_L 为朗缪尔体积应变；p_L 为朗缪尔压力常数。

式(2.7)中：$\frac{1}{2G}\sigma_{ij} - (\frac{1}{6G} - \frac{1}{9K})\sigma_{kk}\delta_{ij}$ 为应力引起的应变；$\frac{\alpha}{3K}p\delta_{ij}$ 为气体压力引起的应变；$\frac{\alpha_s \Delta T}{3}\delta_{ij}$ 为热应变；$\frac{\varepsilon_s}{3}\delta_{ij}$ 为煤基质吸附引起的吸附应变。

联立式(2.5)～(2.8)可得到 Navier 型方程

$$Gu_{i,kk} + \frac{G}{1-2\nu}u_{k,ki} - \alpha_s KT_{,i} - \alpha p_{,i} - K\frac{\varepsilon_L p_L}{(p+p_L)^2}p_{,i} + f_{,i} = 0 \tag{2.9}$$

式(2.9)为煤体变形的控制方程。式中：$-\alpha p_{,i}$ 反映气体流动对煤体变形的影响；$-\alpha_s KT_{,i}$ 反映温度场变化对煤体变形的影响；$-K\frac{\varepsilon_L p_L}{(p+p_L)^2}p_{,i}$ 反映吸附变形对煤体变形的影响。

2.3.3 煤层气流动的控制方程

气体的质量平衡方程为

$$\frac{\partial m}{\partial t} + \nabla \cdot (\rho_g q_g) = Q_s \tag{2.10}$$

式中：ρ_g 为气体密度；t 为时间；Q_s 为气体源；m 为单位体积煤中气体质量，q_g 为达西速度矢量，忽略重力的影响，其表达式为

$$q_g = -\frac{k}{\mu}\nabla p \tag{2.11}$$

式中：k 为煤体渗透率；μ 为气体黏滞系数。

气体质量 m 应包括游离气体质量 $m_{游离}$ 和吸附气体质量 $m_{吸附}$[117]。对于双重孔隙介质，游离气体存在于煤基质孔隙和裂隙中，因此游离气体质量为

$$m_{游离} = \rho_g(\phi_m + \phi_f) \tag{2.12}$$

式中：ϕ_m 为孔隙率；ϕ_f 为裂隙率；ρ_g 为游离气体密度，根据理想气体状态方程可表示为

$$\rho_g = \frac{M_g p}{RT} \tag{2.13}$$

式中：M_g 为气体分子摩尔质量；R 为普适气体常数，取值 8.31 J/(mol·K)；T 为气体绝对温度。

吸附气体质量为

$$m_{吸附} = \rho_{ga}\rho_c(1-\phi_m-\phi_f)\frac{V_L p}{p+p_L} \tag{2.14}$$

式中：ρ_{ga}为标准情况下的煤层气密度；ρ_c 为煤体密度。

单位体积煤中气体总质量为

$$m=\rho_g(\phi_m+\phi_f)+\rho_{ga}\rho_c(1-\phi_m-\phi_f)\frac{V_L p}{p+p_L} \tag{2.15}$$

由于 $\phi_m+\phi_f\ll 1$，因此式(2.15)可简化为

$$m=\rho_g(\phi_m+\phi_f)+\rho_{ga}\rho_c\frac{V_L p}{p+p_L} \tag{2.16}$$

将式(2.16)对 t 求导可得

$$\begin{aligned}\frac{\partial m}{\partial t}=&\frac{M_g p}{RT}\left(\frac{\partial\phi_m}{\partial t}+\frac{\partial\phi_f}{\partial t}\right)+\frac{M_g}{RT}(\phi_m+\phi_f)\frac{\partial p}{\partial t}-\\&\rho_c\frac{M_g}{RT}\frac{V_L p_a p_L}{(p+p_L)^2}\frac{\partial p}{\partial t}-\frac{M_g p}{RT^2}(\phi_m+\phi_f)\frac{\partial T}{\partial t}\end{aligned} \tag{2.17}$$

将式(2.11)、(2.17)代入式(2.10)，可得

$$\begin{aligned}&\left[\phi_m+\phi_f+\frac{\rho_c p_a V_L p_L}{(p+p_L)^2}\right]\frac{\partial p}{\partial t}+p\left(\frac{\partial\phi_m}{\partial t}+\frac{\partial\phi_f}{\partial t}\right)-\\&\frac{p}{T}(\phi_m+\phi_f)\frac{\partial T}{\partial t}-\nabla\cdot\left(\frac{k}{\mu}p\ \nabla p\right)=0\end{aligned} \tag{2.18}$$

式(2.18)为煤层中气体流动控制方程，其中前两项中包含基质孔隙率和裂隙孔隙率，反映煤体变形对气体流动的影响，第三项反映温度对气体流动的影响。

2.3.4　温度场控制方程

在非等温渗流中，由于含瓦斯煤体内含有固体和流体两部分，且两者的热力学特性参数(如比热容和热导率等)各不相同，因而对这两部分需要分别进行研究。

对于煤岩骨架，根据热力学第一定律有

$$\frac{\partial(\rho_s c_s\Delta T)}{\partial t}+T\alpha_s K\frac{\partial\varepsilon_v}{\partial t}+\nabla\cdot(k_s\ \nabla T)=Q_{Ts} \tag{2.19}$$

式中：ρ_s 为煤体骨架密度；α_s 为热膨胀系数；c_s 为煤体骨架的比热容；k_s 为煤体骨架的热传导系数；Q_{Ts}为煤骨架热源强度。

式(2.19)左边：第一项为固体骨架内能的变化率；第二项为固体骨架热应变能的变化率；第三项为固体骨架导热项。

对于气体，相应的能量守恒方程[118]为

$$\frac{\partial[(\phi_m+\varphi_f)\rho_g c_g\Delta T]}{\partial t}+\nabla\cdot(\rho_g h_g\ q_g)+(\phi_m+\phi_f)\nabla\cdot(k_g\ \nabla T)=(\phi_m+\phi_f)Q_{Tg} \tag{2.20}$$

式中：ρ_g 为气体密度；c_g 为气体的比热容；k_g 为气体的热传导系数；$(\phi_m+\phi_f)Q_{Tg}$ 为气体热源强度；h_g 为单位质量的比焓，$h_g=c_p\Delta T$，其中 c_p 表示定压比热容。

式(2.20)左边：第一项为气体内能的变化率；第二项为对流项；第三项为气体热传导项。

假设固体和流体之间总处于热平衡状态，则将式(2.19)和(2.20)叠加，即可得到含瓦斯煤的能量守恒方程

$$\frac{\partial[\rho_s c_s \Delta T+(\phi_m+\phi_f]\rho_g c_g \Delta T)}{\partial t}+T\alpha_s K\frac{\partial \varepsilon_v}{\partial t}+\nabla\cdot(\rho_g h_g q_g)+\nabla\cdot(k_t \nabla T)=Q_T \tag{2.21}$$

式中：$k_t=(\phi_m+\phi_f)k_g+k_s$；$Q_T=(\phi_m+\phi_f)Q_{Tg}+Q_{Ts}$。

式(2.21)左边：第一项为系统内能的变化率；第二项为热应变能的变化率；第三项为对流项；第四项为导热项。右边：Q_T 为总的热源强度。

将方程(2.21) 左边第一项展开并对第三项整理，得

$$\begin{aligned}&[\rho_s c_s+(\phi_m+\phi_f)\rho_g c_g]\frac{\partial T}{\partial t}+\Delta T\rho_g c_g\frac{\partial(\phi_m+\phi_f)}{\partial t}+T\alpha_s K\frac{\partial \varepsilon_v}{\partial t}+\\&\rho_g c_p \Delta T\,\nabla\cdot q_g+\nabla\cdot(k_s \nabla T)=Q_T\end{aligned} \tag{2.22}$$

式(2.22)为温度场方程，左边：第一项为系统内能的变化率；第二项为孔隙率变化导致气体质量变化而引起气体内能的变化；第三项和第四项分别为由变形能和对流引起的附加项。

2.4 热-流-固控制方程耦合关系

含瓦斯煤热-流-固耦合作用关系可用图 2-5 来说明。图中各场之间的耦合

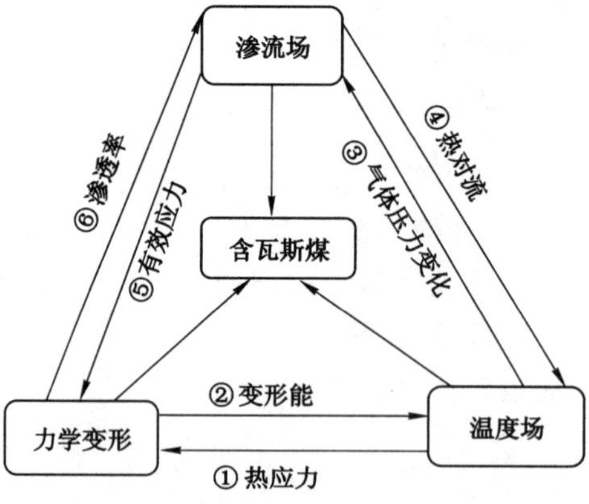

图 2-5　温度场、渗流场和应力场耦合关系

作用过程具体可表述为：① 温度变化诱发的热应力、热应变对岩层骨架应力场和应变场的影响；② 岩层骨架内部耗散产生的热对岩层温度场的影响；③ 温度变化引起的流体压力变化对渗流场的影响；④ 渗流流体的热对流作用对岩层温度场的影响；⑤ 岩层力学变形导致孔隙率、渗透率的改变对流体产生的影响；⑥ 孔隙流体压力变化引起的有效应力的改变对力学变形产生的影响。

2.5　本章小结

本章研究了温度对煤层气吸附特性的影响，经回归分析得到吸附参数随温度变化的规律。在此基础上，以含瓦斯煤为研究对象，综合利用弹性力学、渗流力学、传热学等理论建立了瓦斯在煤层中渗流扩散时的应力场、渗流场、温度场控制方程。主要得到以下结论：

（1）气体运移过程中煤层变形包括热膨胀变形、气体压力变化引起的变形、吸附/解吸引起煤的膨胀/收缩及外部应力导致的煤体变形。建立了包含应力场、渗流场和温度场的含瓦斯煤变形本构方程。

（2）根据含瓦斯煤本构方程以及弹性力学的几何方程和平衡方程建立了煤层的热-流-固耦合变形控制方程。

（3）根据气体在煤层中渗流、扩散、吸附/解吸规律，建立了含热-流-固耦合效应的气体运移控制方程。方程反映了含瓦斯煤应力场和温度场变化对于气体流动的影响。

（4）根据能量守恒定律建立了含瓦斯煤热-流-固耦合效应的温度场控制方程。方程中考虑到气体渗流过程中与煤体之间的能量交换和煤体变形所消耗/释放的能量。

第3章　考虑温度作用的渗透率动态变化模型

3.1　渗透性的影响因素[119]

我国煤层气主要储存于石炭二叠纪煤层中，储层压力和渗透率相对较小，严重制约了我国煤层气资源的开发利用。煤储层渗透率在煤层气抽采过程中是动态变化的，是决定抽采效果的一个重要因素。影响煤储层渗透率的因素十分复杂，主要有地应力、天然裂隙、煤层厚度、煤层温度和煤体结构等。

3.1.1　地应力

地应力随埋深增加而增大的趋势明显。地应力对煤层渗透率的影响，既反映上覆地层对煤层的垂向作用力，也反映水平构造应力的作用。区域构造应力对煤层渗透率的影响十分显著。构造挤压区、不同走向断裂的结合部位是构造应力集中的地区，往往也是低渗透率分布地区。构造应力松弛、与断层有关的次生裂隙、破碎断层面是低应力分布地区，往往也是煤层高渗透率分布地区。A. D. Decker 等[120]指出：不同应力状态下的渗透率与埋深的变化趋势不同：应力松弛地区渗透率高，随深度增加渗透率变化幅度不大；正常应力地区渗透率中等，随深度增加渗透率减小；高应力地区渗透率较低，且随深度增加渗透率急剧减小。我国煤层气试井数据表明，地应力在 20 MPa 以上时煤层渗透率以小于 $0.1\times10^{-3}\ \mu m^2$ 为主；地应力小于 10 MPa 时煤层渗透率以大于 $0.1\times10^{-3}\ \mu m^2$ 为主；地应力处于 10～20 MPa 之间时煤层渗透率变化区域比较大，无明显变化规律。

3.1.2　天然裂隙

煤储层的天然裂隙系统是煤储层渗透率的重要影响因素。从理论上讲，煤层天然裂隙越发育，煤层渗透率越高。研究表明渗透率与裂缝宽度的三次方成正比。C. R. Mckee [121]等发现在地应力、裂隙充填状态相差不大时，天然裂隙越发育，渗透率越好，而其他因素如煤岩类型、煤质、煤级等均是次要因素。因而，当地层褶皱、隆起时，有效应力降低而使裂缝张开，有利于提高煤层渗透率。煤储层中充满水和气支撑着裂隙系统，减少了有效应力，因而当煤储层呈超压状态时有利于提高煤层渗透率。

3.1.3　煤层厚度

煤层厚度与瓦斯分布有一定的关系，一般说来，同一煤层随着厚度的增加，瓦斯生成量增大，煤体瓦斯含量升高。煤层越厚，气体通过煤体运移的路径越长，在压力一定的条件下，所受的阻力越大，直接影响着气体的扩散。瓦斯运移距离、产出速度和扩散距离取决于煤基块厚度的大小。煤基块厚度越大，裂隙间距越大，扩散距离也越大，解吸时间越长，扩散速度越慢。随着围压增大，煤岩渗透率降低。增大围压意味着煤岩所受有效应力增大，煤样受到压缩，孔隙变小，微裂缝闭合，最终导致煤岩渗透率下降，在有效应力较低的情况下，随着围压增大，煤岩渗透率急剧下降；当有效应力增大到一定值时，渗透率下降速度减慢。

3.1.4　煤层温度

煤层温度是影响其渗透率的重要因素之一。温度产生的热应力不仅会使煤层产生变形，直接影响煤层的渗透率，而且会使煤层气在煤层中的吸附特性发生变化，间接影响煤层的渗透率。

3.1.5　煤体结构

煤体结构是煤储层在构造应力作用下形成的结构特征，是煤储层渗透率的间接反映。根据煤体破碎程度，煤体结构通常被分为原生结构煤、碎裂煤、碎粉煤和糜棱煤四种类型。原生结构煤、碎裂煤煤体结构相对较完整，强度高，裂隙连通性好，渗透性高；碎粉煤、糜棱煤煤体结构松软，强度低，渗透性差。

此外，水文地质条件、毛管力、流体介质、贾敏效应(Jamin)和黏性指进等因素也影响煤储层渗透率。

3.2　含温度效应的双孔渗透率模型

如图 3-1 所示，煤体结构被概化为具有相同尺寸的煤基质块(即煤孔隙系统结构)和裂隙的结构，煤基质块为长度 s 的立方体块，裂隙开度可由裂隙壁间距离 a 来表示，其大小取决于埋深、孔隙压力、应力场和煤体力学性质等。σ 是作用在煤上的外力。

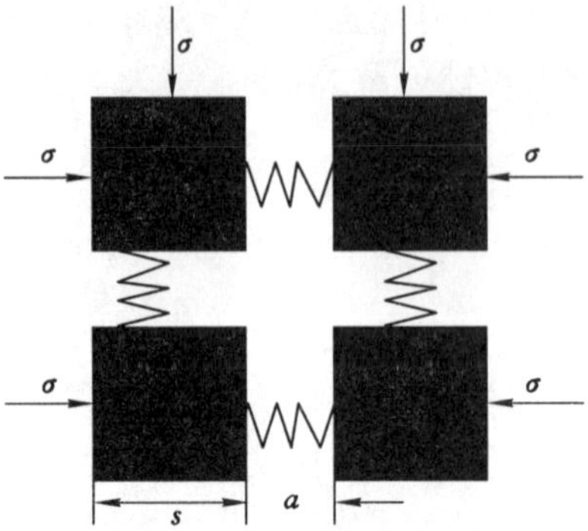

图 3-1　煤的双重孔隙介质物理模型

3.2.1　孔隙渗透率

从煤基质中取一单位体积进行分析，如图3-2所示。煤基质中的孔隙体积与煤体的变形相关，而煤体的变形将引起煤孔隙系统的膨胀和收缩，从而使孔隙率发生变化。令 V_s 为煤体骨架体积，V_p 为孔隙体积，则煤基质总体积为 $V=V_p+V_s$，煤的基质孔隙率等于 $\phi_m=V_p/V$。假设吸附导致的煤的体应变与基质孔隙体应变相同，则可用煤基质受到的平均压应力 $\bar{\sigma}$ 和孔隙压力 p 表示体应变 $\Delta V/V$ 以及孔隙体应变 $\Delta V_p/V_p$ 的本构方程

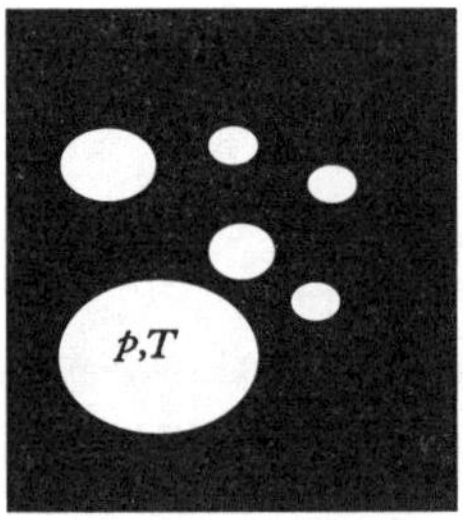

图 3-2　煤基质模型

$$\frac{\Delta V}{V}=-\frac{1}{K_m}(\Delta\bar{\sigma}-\alpha\Delta p)+\alpha_s\Delta T+\Delta\varepsilon_s \tag{3.1}$$

$$\frac{\Delta V_p}{V_p}=-\frac{1}{K_p}(\Delta\bar{\sigma}-\beta\Delta p)+\alpha_s\Delta T+\Delta\varepsilon_s \tag{3.2}$$

上述两式中：α 为煤基质的 Biot 系数，$\alpha=1-K_m/K_s$；β 为孔隙的 Biot 系数，$\beta=1-K_p/K_s$；K_p为孔隙的体积模量；α_s 为煤体的热膨胀系数；K_s为煤骨架的体积模量。

平均压应力 $\bar{\sigma}$ 为

$$\bar{\sigma}=-\frac{\sigma_{11}+\sigma_{22}+\sigma_{33}}{3} \tag{3.3}$$

根据 Betti-Maxwell 互易定理 $(\partial V/\partial p)_{\bar{\sigma}}=(\partial V_p/\partial\bar{\sigma})_p$[122]，可以得到

$$K_p=\frac{\phi_m}{\alpha}K_m \tag{3.4}$$

根据孔隙率的定义，可以得到

$$\frac{\Delta V}{V}=\frac{\Delta V_s}{V_s}+\frac{\Delta \phi_m}{1-\phi_m} \tag{3.5}$$

$$\frac{\Delta V_p}{V_p}=\frac{\Delta V_s}{V_s}+\frac{\Delta \phi_m}{\phi_m(1-\phi_m)} \tag{3.6}$$

将式(3.1)、(3.2)分别代入式(3.5)、(3.6)得

$$\frac{\Delta V}{V}=\frac{\Delta V_s}{V_s}+\frac{\Delta \phi_m}{1-\phi_m}=-\frac{1}{K_m}(\Delta\bar{\sigma}-\alpha\Delta p)+\alpha_s\Delta T+\Delta\varepsilon_s \tag{3.7}$$

$$\frac{\Delta V_p}{V_p}=\frac{\Delta V_s}{V_s}+\frac{\Delta \phi_m}{\phi_m(1-\phi_m)}=-\frac{1}{K_p}(\Delta\bar{\sigma}-\beta\Delta p)+\alpha_s\Delta T+\Delta\varepsilon_s \tag{3.8}$$

将式(3.8)减式(3.7)可得

$$\Delta\phi_m=-\phi_m\left(\frac{1}{K_p}-\frac{1}{K_m}\right)(\Delta\sigma-\Delta p)-\phi_m\left(\frac{\alpha}{K_m}-\frac{\beta}{K_p}\right)\Delta p \tag{3.9}$$

将式(3.4)代入式(3.9)得

$$\phi_m-\phi_{m0}=(\alpha-\phi_m)\left(\Delta\varepsilon_v+\frac{1}{K_s}\Delta p-\alpha_s\Delta T-\Delta\varepsilon_s\right) \tag{3.10}$$

令 $M=\varepsilon_v+\frac{1}{K_s}p-\varepsilon_s-\alpha_s T, M_0=\varepsilon_{v0}+\frac{1}{K_s}p_0-\varepsilon_L p_0/(p_0+p_L)-\alpha T_0$，则式(3.10)简化为

$$\phi_m-\phi_{m0}=(\alpha-\phi_m)(M-M_0) \tag{3.11}$$

$$\frac{\phi_m}{\phi_{m0}}=\frac{[(1+M_0)+\alpha(M-M_0)/\phi_{m0}]}{1+M} \tag{3.12}$$

孔隙介质中渗透率与孔隙率大小有关，V. C. George[123] 根据实验结果总结出孔隙介质中渗透率与孔隙率之间的关系

$$k_m=\frac{d_e{}^2\phi_m{}^3}{72(1-\phi_m)^2} \tag{3.13}$$

式中：k_m 为基质块的渗透率；ϕ_m 为孔隙系统的孔隙率；d_e 为煤基质颗粒有效直径。

利用式(3.13)可得渗透率比率

$$\frac{k_m}{k_{m0}}=\left(\frac{\phi_m}{\phi_{m0}}\right)^3\left(\frac{1-\phi_{m0}}{1-\phi_m}\right)^2 \tag{3.14}$$

式中：k_{m0} 为初始基质渗透率。

由于煤的孔隙率通常为 1%～2%，式(3.14)右边的 $\left(\frac{1-\phi_{m0}}{1-\phi_m}\right)^2$ 约等于 1，因此基质中渗透率与孔隙率之间的关系可表示为

$$\frac{k_m}{k_{m0}}=\left(\frac{\phi_m}{\phi_{m0}}\right)^3 \tag{3.15}$$

将式(3.12)代入式(3.15)得基质渗透率比率为

$$\frac{k_{\mathrm{m}}}{k_{\mathrm{m0}}}=\left\{\frac{\left[(1+M_0)+\alpha(M-M_0)/\phi_{\mathrm{m0}}\right]}{1+M}\right\}^3 \tag{3.16}$$

由式(3.16)可知,影响基质渗透率的因素有煤体变形、气体压力、吸附膨胀和热应力。

3.2.2 裂隙渗透率

根据图 3-3,对于裂隙部分,由有效应力导致的裂隙开度变化[123]为

$$\Delta a=(a+s)\frac{\Delta\sigma_{\mathrm{et}}}{E}-s\frac{\Delta\sigma_{\mathrm{et}}}{E_{\mathrm{m}}} \tag{3.17}$$

式中:E_{m} 为基质弹性模量;$\Delta\sigma_{\mathrm{et}}$为有效应力;$s$ 为基质块的宽度;a 为裂隙开度。

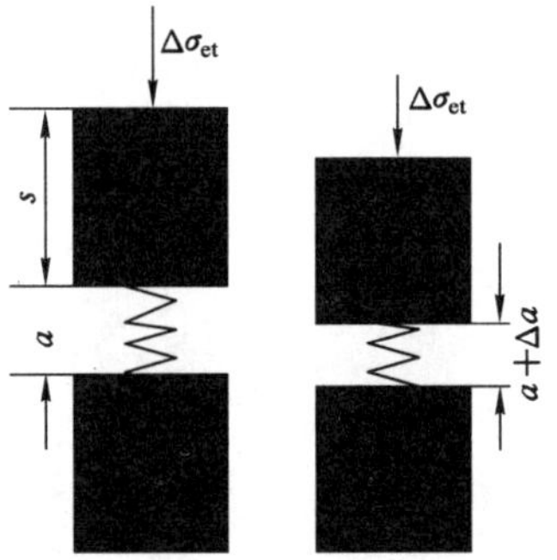

图 3-3 有效应力与裂隙开度关系

由式(3.17)可知,裂隙在应力影响下的张度变化主要取决于有效应力作用煤体整体变形与有效应力作用煤基质变形之差。转换式(3.17)可得

$$\Delta a=s\left(1-\frac{E}{E_{\mathrm{m}}}\right)\frac{\Delta\sigma_{\mathrm{et}}}{E}+a\frac{\Delta\sigma_{\mathrm{et}}}{E} \tag{3.18}$$

令 $R_{\mathrm{m}}=E/E_{\mathrm{m}}$,其意义为弹模衰减率,利用总有效应变的增量 $\Delta\varepsilon_{\mathrm{et}}$ 替换$\frac{\Delta\sigma_{\mathrm{et}}}{E}$,式(3.18)变为

$$\varepsilon_{\mathrm{f}}=\frac{\Delta a}{a}=\left[\frac{s(1-R_{\mathrm{m}})}{a}+1\right]\Delta\varepsilon_{\mathrm{et}} \tag{3.19}$$

由于 $a\ll s$,式(3.19)可简化为

$$\varepsilon_{\mathrm{f}}=\frac{\Delta a}{a}=\frac{s(1-R_{\mathrm{m}})}{a}\Delta\varepsilon_{\mathrm{et}} \tag{3.20}$$

根据含温度影响的煤体本构关系可得

$$\Delta\varepsilon_{et} = \frac{\Delta\varepsilon_v - \Delta\varepsilon_s - \alpha\Delta T}{3} \tag{3.21}$$

将式(3.21)代入式(3.20)得

$$\varepsilon_f = \frac{\Delta a}{a} = \frac{s(1 - R_m)(\Delta\varepsilon_v - \Delta\varepsilon_s - \alpha\Delta T)}{3a} \tag{3.22}$$

则裂隙渗透率为

$$\frac{k_f}{k_{f0}} = \left(1 + \frac{\Delta a}{a}\right)^3 = \left[1 + \frac{s(1 - R_m)}{3a}(\Delta\varepsilon_v - \Delta\varepsilon_s - \alpha\Delta T)\right]^3 \tag{3.23}$$

k_{f0} 为煤层裂隙的初始渗透率，其大小取决于煤层中裂隙的发育程度，可以由下式进行计算[124]：

$$k_{f0} = \frac{a^3}{12s} \tag{3.24}$$

由式(3.23)可知煤基质吸附膨胀、煤体变形和热应力会导致裂隙渗透率变化。

3.2.3　煤层渗透率

煤层渗透率由裂隙渗透率和基质渗透率组合而成

$$k = k_m + k_f \tag{3.25}$$

上式可改写为

$$\frac{k}{k_0} = \frac{k_{m0}}{k_{m0} + k_{f0}}\frac{k_m}{k_{m0}} + \frac{k_{f0}}{k_{m0} + k_{f0}}\frac{k_f}{k_{f0}} \tag{3.26}$$

将基质渗透率方程(3.16) 和裂隙渗透率方程(3.23)代入式(3.26)得

$$\begin{aligned}\frac{k}{k_0} = {} & \frac{k_{m0}}{k_{m0} + k_{f0}}\left\{\frac{1}{1 + M}\left[(1 + M_0) + \alpha(M - M_0)/\phi_{m0}\right]\right\}^3 + \\ & \frac{k_{f0}}{k_{m0} + k_{f0}}\left[1 + \frac{s(1 - R_m)}{3a}(\Delta\varepsilon_v - \Delta\varepsilon_s - \alpha\Delta T)\right]^3\end{aligned} \tag{3.27}$$

式(3.27)为包含温度效应的双重孔隙介质渗透率动态变化方程。

通过煤储层渗透率方程的推导，发现裂隙法向张开或闭合变形决定着参与渗透的两种模式谁占主导地位。而裂隙开度可由弹性模量衰减率 R_m 决定。R_m 为煤体弹性模量与煤基质弹性模量之比。极限情况下，当 $R_m = 0$ 时，意味着煤基质模量远大于煤体弹性模量，在有效应力作用下，煤基质几乎不发生变形，产生变形的是裂隙开度，裂隙渗透率变化决定储层渗透率变化，有效应力作用导致总渗透率动态变化的是裂隙渗透率动态变化。当 $R_m = 1$ 时，煤基质模量等于煤体弹性模量，有效应力作用使得煤体产生的变形与煤基质变形相同，也就说明裂隙开度没有发生变化，基质渗透率动态变化决定储层渗透率的动态变化。因此，

弹性模量衰减率 R_m 决定了在整个煤储层渗透率中煤基质和裂隙系统谁占主导地位。

3.3 煤层气开采的热-流-固耦合数学模型

3.2 节建立了包含温度效应的双重孔隙介质渗透率和孔隙率动态变化方程。将这些方程代入第 2 章所建立的热-流-固多物理场控制方程中即得到完整的煤层气开采的热-流-固耦合数学模型。

3.3.1 变形控制方程

根据式(2.9)，煤的变形控制方程为

$$Gu_{i,kk}+\frac{G}{1-2\nu}u_{k,ki}-\alpha_s KT_{,i}-\alpha p_{,i}-K\frac{\varepsilon_L p_L}{(p+p_L)^2}p_{,i}+f_{,i}=0 \tag{3.28}$$

式中：$-\alpha p_{,i}-K\frac{\varepsilon_L p_L}{(p+p_L)^2}p_{,i}$ 反映流体渗流场对煤体变形场的影响；$-\alpha_s KT_{,i}$ 反映温度场对煤体变形的影响。此方程只有联立后续的渗流场方程和温度场方程才能求解。

3.3.2 流动方程

根据式(3.12)，基质孔隙率为

$$\phi_m=\frac{(1+M_0)\phi_{m0}+\alpha(M-M_0)}{1+M} \tag{3.29}$$

裂隙孔隙率为

$$\phi_f=\phi_{f0}+(1-R_m)(\Delta\varepsilon_v-\Delta\varepsilon_s-\alpha\Delta T) \tag{3.30}$$

将式(3.29)和式(3.30)求和得

$$\phi_m+\phi_f=\frac{(1+M_0)\phi_{m0}+\alpha(M-M_0)}{1+M}+\phi_{f0}+(1-R_m)(\Delta\varepsilon_v-\Delta\varepsilon_s-\alpha\Delta T) \tag{3.31}$$

分别将式(3.29)和式(3.30)对 t 求导得

$$\frac{\partial\phi_m}{\partial t}=\frac{(\alpha-\phi_m)\frac{\partial\varepsilon_v}{\partial t}+\frac{(\alpha-\phi_m)}{K_s}\frac{\partial p}{\partial t}-\frac{(\alpha-\phi_m)\varepsilon_L p_L}{(p+p_L)^2}\frac{\partial p}{\partial t}-(\alpha-\phi_m)\alpha_s\frac{\partial T}{\partial t}}{1+\left(\varepsilon_v-\varepsilon_s+\frac{1}{K_s}p-\alpha_s T\right)} \tag{3.32}$$

$$\frac{\partial\phi_f}{\partial t}=(1-R_m)\left[\frac{\partial\varepsilon_v}{\partial t}-\frac{\varepsilon_L p_L}{(p+p_L)^2}\frac{\partial p}{\partial t}-\alpha_s\frac{\partial T}{\partial t}\right] \tag{3.33}$$

将式(3.32)和式(3.33)求和得

$$\frac{\partial \phi_{\mathrm{m}}}{\partial t}+\frac{\partial \phi_{\mathrm{f}}}{\partial t}=\left[\frac{\alpha-\phi_{\mathrm{m}}}{1+M}+(1-R_{\mathrm{m}})\right)\frac{\partial \varepsilon_{\mathrm{v}}}{\partial t}+$$
$$\left[\frac{(\alpha-\phi_{\mathrm{m}})}{K_{\mathrm{s}}(1+M)}-\frac{(1-R_{\mathrm{m}})\varepsilon_{\mathrm{L}} p_{\mathrm{L}}}{(p+p_{\mathrm{L}})^{2}}-\frac{(\alpha-\phi_{\mathrm{m}})\varepsilon_{\mathrm{L}} p_{\mathrm{L}}}{(p+p_{\mathrm{L}})^{2}(1+M)}\right]\frac{\partial p}{\partial t}- \tag{3.34}$$
$$\left[\frac{(\alpha-\phi_{\mathrm{m}})\alpha_{\mathrm{s}}}{1+M}+\alpha_{\mathrm{s}}(1-R_{\mathrm{m}})\right]\frac{\partial T}{\partial t}$$

将式(3.32)～(3.34)代入式(2.18)得

$$\left[\frac{p(\alpha-\phi_{\mathrm{m}})}{1+M}+p(1-R_{\mathrm{m}})\right]\frac{\partial \varepsilon_{\mathrm{v}}}{\partial t}+$$
$$\left(\begin{aligned}&\phi_{\mathrm{m}}+\phi_{\mathrm{f}}+\frac{p(\alpha-\phi_{\mathrm{m}})}{K_{\mathrm{s}}(1+M)}-\frac{p(1-R_{\mathrm{m}})\varepsilon_{\mathrm{L}} p_{\mathrm{L}}}{(p+p_{\mathrm{L}})^{2}}-\\&\frac{p(\alpha-\phi_{\mathrm{m}})\varepsilon_{\mathrm{L}} p_{\mathrm{L}}}{(p+p_{\mathrm{L}})^{2}(1+M)}+\frac{\rho_{\mathrm{c}} V_{\mathrm{L}} p_{\mathrm{a}} p_{\mathrm{L}}}{(p+p_{\mathrm{L}})^{2}}\end{aligned}\right)\frac{\partial p}{\partial t}- \tag{3.35}$$
$$\left[\frac{p(\alpha-\phi_{\mathrm{m}})\alpha_{\mathrm{s}}}{1+M}+\alpha_{\mathrm{s}}(1-R_{\mathrm{m}})p+\frac{p\phi_{\mathrm{m}}}{T}+\frac{p\phi_{\mathrm{f}}}{T}\right]\frac{\partial T}{\partial t}-$$
$$\nabla\cdot\left(\frac{k}{\mu}p\,\nabla p\right)=0$$

式(3.35)即为煤层气流动控制方程。

为了便于分析，上式可改写为

$$\left[\frac{p(\alpha-\phi_{\mathrm{m}})}{1+M}\frac{\partial \varepsilon_{\mathrm{v}}}{\partial p}+p(1-R_{\mathrm{m}})\frac{\partial \varepsilon_{\mathrm{v}}}{\partial p}\right]\frac{\partial p}{\partial t}+$$
$$\left(\begin{aligned}&\phi_{\mathrm{m}}+\phi_{\mathrm{f}}+\frac{p(\alpha-\phi_{\mathrm{m}})}{K_{\mathrm{s}}(1+M)}-\frac{p(1-R_{\mathrm{m}})\varepsilon_{\mathrm{L}} p_{\mathrm{L}}}{(p+p_{\mathrm{L}})^{2}}-\\&\frac{p(\alpha-\phi_{\mathrm{m}})\varepsilon_{\mathrm{L}} p_{\mathrm{L}}}{(p+p_{\mathrm{L}})^{2}(1+M)}+\frac{\rho_{\mathrm{c}} V_{\mathrm{L}} p_{\mathrm{a}} p_{\mathrm{L}}}{(p+p_{\mathrm{L}})^{2}}\end{aligned}\right)\frac{\partial p}{\partial t}+$$
$$\left[-\frac{p(\alpha-\phi_{\mathrm{m}})\alpha_{\mathrm{s}}}{1+M}\frac{\partial T}{\partial p}-\alpha_{\mathrm{s}}(1-R_{\mathrm{m}})p\frac{\partial T}{\partial p}-\frac{p\phi_{\mathrm{m}}}{T}\frac{\partial T}{\partial p}-\frac{p\phi_{\mathrm{f}}}{T}\frac{\partial T}{\partial p}\right]\frac{\partial p}{\partial t}-$$
$$\nabla\cdot\left(\frac{k}{\mu}p\,\nabla p\right)=0 \tag{3.36}$$

令 $S=S_1+S_2+S_3+S_4+S_5+S_6$，其中，$S_1=\phi_{\mathrm{m}}+\phi_{\mathrm{f}}$，$S_2=\dfrac{p(\alpha-\phi_{\mathrm{m}})}{K_{\mathrm{s}}(1+M)}$，$S_3=-\dfrac{p(\alpha-\phi_{\mathrm{m}})\varepsilon_{\mathrm{L}} p_{\mathrm{L}}}{(p+p_{\mathrm{L}})^{2}(1+M)}-\dfrac{p(1-R_{\mathrm{m}})\varepsilon_{\mathrm{L}} p_{\mathrm{L}}}{(p+p_{\mathrm{L}})^{2}}$，$S_4=\dfrac{\rho_{\mathrm{c}} V_{\mathrm{L}} p_{\mathrm{a}} p_{\mathrm{L}}}{(p+p_{\mathrm{L}})^{2}}$，$S_5=\dfrac{p(\alpha-\phi_{\mathrm{m}})}{1+M}\dfrac{\partial \varepsilon_{\mathrm{v}}}{\partial p}+p(1-R_{\mathrm{m}})\dfrac{\partial \varepsilon_{\mathrm{v}}}{\partial p}$，$S_6=-\left[\dfrac{p(\alpha-\phi_{\mathrm{m}})\alpha_{\mathrm{s}}}{1+M}\dfrac{\partial T}{\partial p}+\alpha_{\mathrm{s}}(1-R_{\mathrm{m}})p\dfrac{\partial T}{\partial p}+p\dfrac{\phi_{\mathrm{m}}}{T}\dfrac{\partial T}{\partial p}+p\dfrac{\phi_{\mathrm{f}}}{T}\dfrac{\partial T}{\partial p}\right]$。

则式(3.36)变为

$$S\frac{\partial p}{\partial t}+\nabla\cdot\left(-\frac{k}{\mu}p\ \nabla p\right)=0 \tag{3.37}$$

式中:S 为气体在煤层中的储存系数。气体储存系数即为气体每单位压力变化单位体积的煤中所能释放(或封存)的气体体积。其中,S_1 为煤中处于游离状态的气体的体积;S_2 和 S_5 为外力作用和基质块内气体孔隙压力改变所引起的有效应力的变化使基质块骨架产生变形而释放(封存)的额外的气体体积;S_3 为煤孔隙由吸附(解吸)引起的膨胀(收缩)而产生的额外空间所释放(封存)的气体体积;S_4 为处于吸附状态的气体体积;S_6 为温度变化和气体孔隙压力使孔隙率变化而释放(封存)的额外的气体体积。

3.3.3 温度场控制方程

将式(3.32)~(3.34)代入式(2.22)得

$$\begin{aligned}&\left\{\rho_s c_s+\phi_m\rho_g c_g+\phi_f\rho_g c_g-\Delta T\rho_g c_g\frac{(\alpha-\phi_m)\alpha_s}{1+M}-\Delta T\rho_g c_g\alpha_s(1-R_m)\right\}\frac{\partial T}{\partial t}+\\&\left[T\alpha_s K+\Delta T\rho_g c_g\frac{\alpha-\phi_m}{1+M}+\Delta T\rho_g c_g(1-R_m)\right]\frac{\partial\varepsilon_v}{\partial t}+\\&\left(\begin{aligned}&\Delta T\rho_g c_g\frac{\alpha-\phi_m}{K_s(1+M)}-\Delta T\rho_g c_g\frac{(1-R_m)\varepsilon_L p_L}{(p+p_L)^2}-\\&\Delta T\rho_g c_g\frac{(\alpha-\phi_m)\varepsilon_L p_L}{(p+p_L)^2(1+M)}\end{aligned}\right)\frac{\partial p}{\partial t}+\\&\rho_g c_p\Delta T\ \nabla\cdot q_g+\nabla\cdot(k_t\ \nabla T)=Q_T\end{aligned} \tag{3.38}$$

式(3.38)即为温度场控制方程。

为了分析方便,上式可改写为

$$\begin{aligned}&\left\{\rho_s c_s+\phi_m\rho_g c_g+\phi_f\rho_g c_g-\Delta T\rho_g c_g\frac{(\alpha-\phi_m)\alpha_s}{1+M}-\Delta T\rho_g c_g\alpha_s(1-R_m)\right\}\frac{\partial T}{\partial t}+\\&\left[T\alpha_s K\frac{\partial\varepsilon_v}{\partial T}+\Delta T\rho_g c_g\frac{\alpha-\phi_m}{1+M}\frac{\partial\varepsilon_v}{\partial T}+\Delta T\rho_g c_g(1-R_m)\frac{\partial\varepsilon_v}{\partial T}\right]\frac{\partial T}{\partial t}+\\&\left(\begin{aligned}&\Delta T\rho_g c_g\frac{\alpha-\phi_m}{K_s(1+M)}\frac{\partial p}{\partial T}-\Delta T\rho_g c_g\frac{(1-R_m)\varepsilon_L p_L}{(p+p_L)^2}\frac{\partial p}{\partial T}-\\&\Delta T\rho_g c_g\frac{(\alpha-\phi_m)\varepsilon_L p_L}{(p+p_L)^2(1+M)}\frac{\partial p}{\partial T}\end{aligned}\right)\frac{\partial T}{\partial t}+\\&\rho_g c_p\Delta T\ \nabla\cdot q_g+\nabla\cdot(k_t\ \nabla T)=Q_T\end{aligned} \tag{3.39}$$

令 $C=C_1+C_2+C_3+C_4+C_5$,其中,$C_1=\rho_s c_s+\phi_m\rho_g c_g+\phi_f\rho_g c_g$,$C_2=-\Delta T$

$\rho_g c_g \dfrac{(\alpha-\phi_m)\alpha_s}{1+M} - \Delta T \rho_g c_g \alpha_s (1-R_m)$，$C_3 = \Delta T \rho_g c_g \dfrac{\alpha-\phi_m}{1+M}\dfrac{\partial \varepsilon_v}{\partial T} + T\alpha_s K \dfrac{\partial \varepsilon_v}{\partial T} + \Delta T \rho_g c_g (1-R_m)\dfrac{\partial \varepsilon_v}{\partial T}$，$C_4 = \Delta T \rho_g c_g \dfrac{\alpha-\phi_m}{K_s(1+M)}\dfrac{\partial p}{\partial T}$，$C_5 = -\Delta T \rho_g c_g \dfrac{(1-R_m)\varepsilon_L p_L}{(p+p_L)^2} \cdot \dfrac{\partial p}{\partial T} - \Delta T \rho_g c_g \dfrac{(\alpha-\phi_m)\varepsilon_L p_L}{(p+p_L)^2(1+M)}\dfrac{\partial p}{\partial T}$。则式(3.39)变为

$$C\frac{\partial T}{\partial t} + \rho_g c_p \Delta T \nabla \cdot q_g + \nabla \cdot (k_t \nabla T) = Q_T \tag{3.40}$$

式中：第一项为含瓦斯煤内能变化项；第二项为热对流项；第三项为热传导项。与标准瞬态热传导方程对比，则 C 为单位体积煤体温度变化率为 1 K/s 时煤体内能的增量，由五部分构成：C_1 为煤体骨架及孔隙内气体的体积比热容；C_2 为热应力导致煤孔隙变化所影响气体的体积比热容；C_3 为煤体和煤孔隙变形而导致的气体内能变化；C_4 为有效应力改变而导致的孔隙中气体内能变化；C_5 为吸附（解吸）引起的膨胀（收缩）导致的煤体内能变化。

3.3.4　初始条件和边界条件

根据煤体变形场 Navier 型方程（3.28），煤体变形场的边界条件主要为位移边界和应力边界，即

$$u_i = \tilde{u}_i(t) \quad \partial\Omega\ 上 \tag{3.41}$$

$$\sigma_{ij} n_j = \tilde{F}_i(t) \quad \partial\Omega\ 上 \tag{3.42}$$

式中：$\tilde{u}_i$ 和 $\tilde{F}_i$ 分别为求解域 Ω 边界上的位移和应力约束；n_j 为边界法向矢量。

相对应煤体的边界条件，煤体变形场的初始条件也主要为位移初始条件和应力初始条件，即

$$u_i(0) = u_0 \quad \Omega\ 里 \tag{3.43}$$

$$\sigma_{ij}(0) = \sigma_0 \quad \Omega\ 里 \tag{3.44}$$

式中：σ_0 和 u_0 分别为 Ω 里应力和位移的初始值。

煤层气流动方程（3.36）的边界条件定义为

$$p = \tilde{p}(t) \quad \partial\Omega\ 上 \tag{3.45}$$

$$n\frac{k}{\mu}\nabla p = \tilde{Q}_s(t) \quad \partial\Omega\ 上 \tag{3.46}$$

式中：$\tilde{p}(t)$ 和 $\tilde{Q}_s(t)$ 分别为边界上的煤层气压力和流量。

煤层气的初始值为

$$p(0) = p_0 \quad \Omega\ 里 \tag{3.47}$$

温度场控制方程（3.39）的边界条件为

$$T = \widetilde{T}(t) \quad \partial\Omega \text{ 上} \tag{3.48}$$

$$n \cdot \lambda \nabla T = \widetilde{Q_T}(t) \quad \partial\Omega \text{ 上} \tag{3.49}$$

式中：$\widetilde{T}(t)$ 和 $\widetilde{Q_T}(t)$分别为边界处温度和热源热流。

温度初始值为

$$T = T_0 \quad \Omega \text{ 里} \tag{3.50}$$

3.4 本章小结

本章根据煤体双重孔隙介质模型建立了煤层气开采过程中储层渗透率动态变化方程，并将其代入第2章的煤层气热-流-固耦合控制方程中，得到煤层气开采过程中的多场耦合数学模型，主要得到以下结论：

(1) 针对煤体裂隙-孔隙结构特征，充分考虑孔隙和裂隙之间的相互作用，建立了适合各自特点的基质孔隙率和裂隙孔隙率的动态变化模型，并根据孔隙率与渗透率之间的三次方关系分别得到了裂隙和孔隙的渗透率动态变化模型。

(2) 引入弹性模量衰减因子 R_m 来表征裂隙渗透率和孔隙渗透率在储层渗透率的贡献率。当 $R_m=0$ 时，产生变形的是裂隙开度，裂隙渗透率变化决定储层的渗透率变化；当 $R_m=1$ 时，基质渗透率动态变化决定储层渗透率的动态变化。

(3) 将孔隙率、渗透率动态变化模型引入气体流动控制方程，得到含基质吸附、煤体变形、温度影响的煤层气流动控制方程。含瓦斯煤中的气体储存系数由五部分组成，分别为：处于游离状态的气体体积；外力作用和基质块内气体孔隙压力改变所引起的有效应力的变化使基质骨架产生变形所释放(封存)的气体体积；煤孔隙由吸附(解吸)引起的膨胀(收缩)所释放(封存)的气体体积；处于吸附状态的气体体积；温度变化引起孔隙率变化而释放(封存)的气体体积。

(4) 将动态孔隙率、渗透率模型引入温度场控制方程，得到含吸附、煤体变形、气体流动影响的煤层气温度场控制方程，其内能变化影响因素由五部分组成，分别为：煤体骨架以及孔隙内气体的内能；热应力导致煤孔隙变化所影响气体的内能；煤体和煤孔隙变形而导致的气体内能变化；有效应力变化导致的孔隙中气体内能变化；吸附(解吸)引起的膨胀(收缩)导致的煤体内能变化。

第 4 章　煤层气开采热-流-固耦合模型数值求解

前文对煤储层的裂隙-孔隙结构特征、瓦斯渗流规律、瓦斯吸附/解吸特性以及温度扩散等进行了系统的研究，建立了描述煤层气抽采过程应力场、渗流场、温度场耦合变化的数学模型。该数学模型是复杂偏微分方程组，无法求得解析解，只能利用数值方法进行求解。目前对偏微分方程的数值求解，大多是设计算法通过 Fortran 等语言进行编程计算。这种方法所能计算的单元数少，计算效率低，无法进行工程实际的大型计算。COMSOL Multiphysics 是一款大型通用偏微分方程求解软件。该软件以有限元法为基础，通过求解偏微分方程(单场)或偏微分方程组(多场)来实现真实物理现象的仿真，被当今世界科学家称为"第一款真正的任意多物理场直接耦合分析软件"。用户可以建立自己所需要的复杂偏微分方程组，然后在该软件中建立相应的求解区域进行求解。软件具有良好的交互界面，用户可以通过界面操作完成从建模到最后结果输出的整个分析过程[125]。因此，在本章中将利用 COMSOL Multiphysics 来求解前面所建立的热-流-固多场耦合数学模型，并对模型中一些重要物理参数进行分析以研究这些参数对煤层气开采的影响机理和程度。

4.1　数值计算模型及方案

本节以煤层单井开采为例，利用所建立的热-流-固多物理场耦合控制方程建立相应的数值模型进行数值求解，研究在不同条件下煤层气开采效率以及煤层的力学响应。如图 4-1 所示，模型尺寸为 100 m×100 m，煤层厚度为 3 m，产气井位于模型的中央，半径为 0.1 m，四周为应力边界。根据模型的对称性，取其 1/4 模型进行数值建模分析，如图 4-2 所示。数值模型的左边界和下边界是对称位移边界，其他两边为应力边界。产气井位于模型的左下角，产气井与大气相连，边界压力为 0.1 MPa。对于气体流动方程，模型的边界设置为无流出边界。对于热传导方程，模型四周为对称无传导边界条件。煤层的初始孔隙压力设定为 6 MPa，初始温度为 293 K。

为深入探讨煤层气渗流过程热-流-固耦合问题以及注热开采煤层气各物理

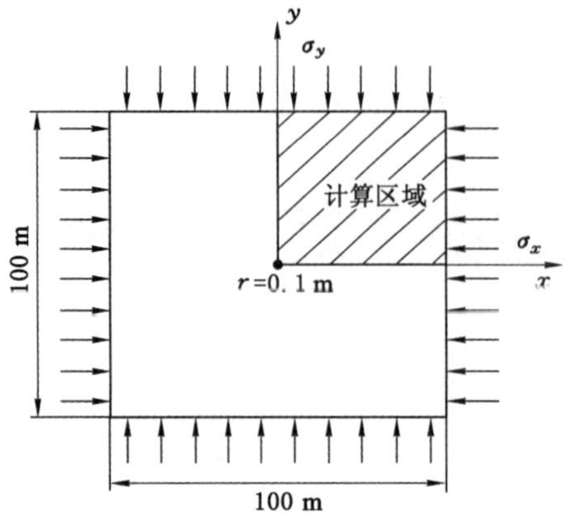

图 4-1　煤层气开采物理模型

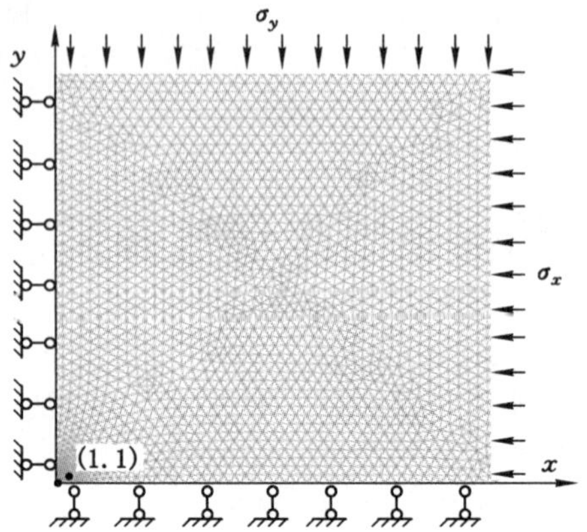

图 4-2　数值计算模型

参量的影响，本节建立 5 个计算方案来进行模拟计算，如表 4-1 所列。方案 1 研究煤层初始温度 T_0 对煤层气开采的影响；方案 2 研究地应力对煤层气的开采的影响；方案 3 考虑煤层的弹性模量对开采的影响；方案 4 考虑煤层中的裂隙发育程度对煤层气开采的影响；方案 5 考虑弹性模量衰减率 R_m 对煤层气开采的影响。模拟的重点在于分析各因素对煤层气开采效率的影响、气体压力的分布和煤层气渗透率的变化规律。模拟参数如表 4-2 所列。

表 4-1　　数值模拟方案

方案 1 温度的影响	模型 1：T_0=300 K 模型 2：T_0=325 K 模型 3：T_0=350 K 模型 4：T_0=375 K
方案 2 地应力的影响	模型 1：$\sigma_y=-5$ MPa，$\sigma_x=\sigma_y$ 模型 2：$\sigma_y=-5$ MPa，$\sigma_x=2\sigma_y$ 模型 3：$\sigma_y=-5$ MPa，$\sigma_x=3\sigma_y$ 模型 4：$\sigma_y=-5$ MPa，$\sigma_x=4\sigma_y$
方案 3 煤层弹性模量的影响	模型 1：$K/K_s=1/10$ 模型 2：$K/K_s=1/3$ 模型 3：$K/K_s=1/2$ 模型 4：$K/K_s=2/3$
方案 4 裂隙发育程度的影响	模型 1：s=0.000 5 m 模型 2：s=0.001 0 m 模型 3：s=0.002 0 m 模型 4：s=0.004 0 m
方案 5 弹性模量衰减率	模型 1：R_m=0 模型 2：R_m=0.25 模型 3：R_m=0.5 模型 4：R_m=1

表 4-2　　数值模拟参数

模拟参数	取值
煤弹性模量 E/GPa	2.713
煤骨架弹性模量 E_s/GPa	8.139
煤的泊松比 ν	0.339
煤的密度 ρ_c/(kg·m^{-3})	1 250
CH_4的密度 ρ_g/(kg·m^{-3})	0.717
黏滞系数 μ/(Pa·s)	1.84×10^{-5}
煤基质初始孔隙率 ϕ_{m0}	0.008 04
煤基质初始渗透率 k_{m0}/m^2	1×10^{-17}
裂隙初始渗透率 k_{f0}/m^2	1×10^{-16}
煤的比热容 c_s/[J·(K·kg)$^{-1}$]	1 260
气体比热容 c_g/[J·(K·kg)$^{-1}$]	2 227
热膨胀系数 α_s/K^{-1}	0.1×10^{-6}
热传导系数 k_t/[W·(m·k)$^{-1}$]	4.35
大气压力 p_a/MPa	0.1

4.2　温度对煤层气开采的影响

煤层温度对煤层气的赋存状态有重要的影响。本节将分析不同注热温度 T 对煤层气开采的影响。模拟方案见表 4-1 中方案 1。

在模拟中，地应力 $\sigma_x=-5$ MPa 和 $\sigma_y=-5$ MPa(负号表示煤层处于受压状态)，煤层中初始裂隙间距 $s=10^{-3}$ m，初始裂隙开度 $a=10^{-6}$ m，弹性模量衰减率 $R_m=0.5$。

4.2.1　气体压力分布

图 4-3～图 4-6 是不同温度条件下孔隙压力分布云图；图 4-7 是 $T=300$ K 时，孔隙压力沿模型对角线的分布曲线；图 4-8 是生产第 1 000 天时不同温度条件下孔隙压力沿模型对角线的分布曲线。

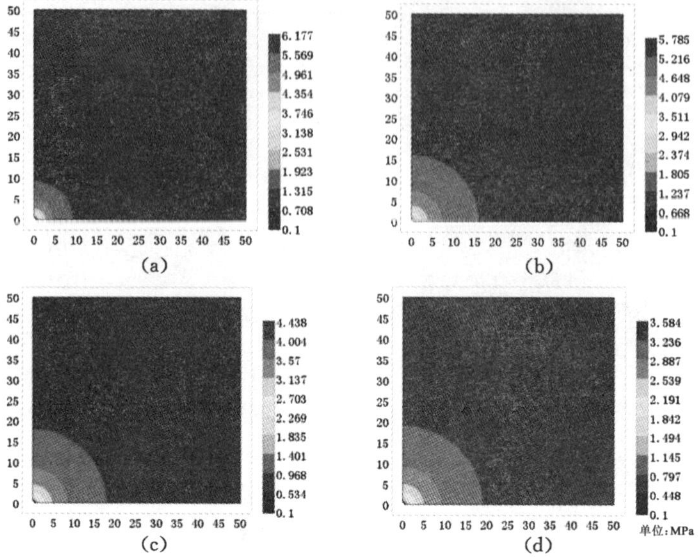

图 4-3　煤层中孔隙压力(MPa)分布云图(T=300 K)

(a) 10 d;(b) 100 d;(c) 500 d;(d) 1 000 d

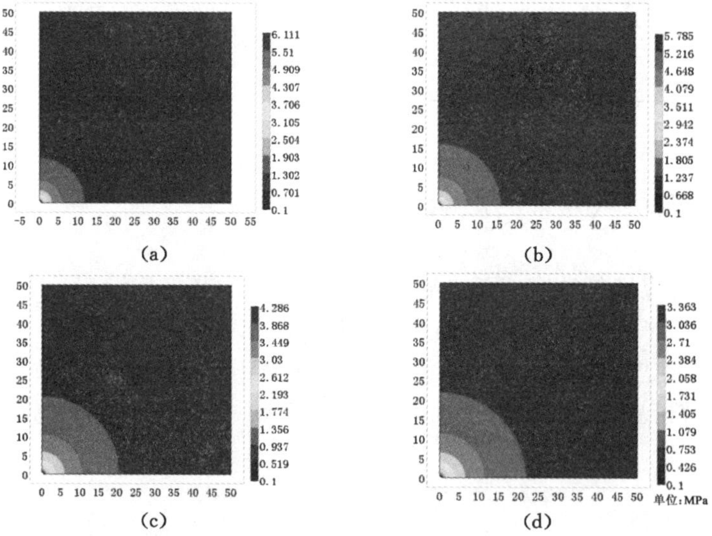

图 4-4　煤层中孔隙压力分布云图(T=325 K)

(a) 10 d;(b) 100 d;(c) 500 d;(d) 1 000 d

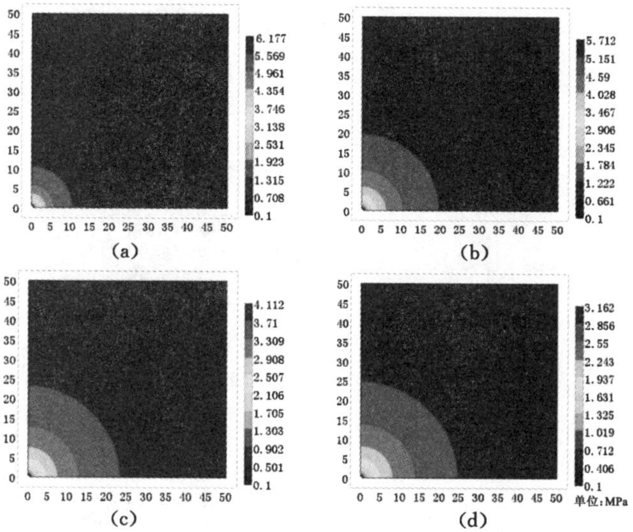

图 4-5　煤层中孔隙压力分布云图(T=350 K)

(a) 10 d;(b) 100 d;(c) 500 d;(d) 1 000 d

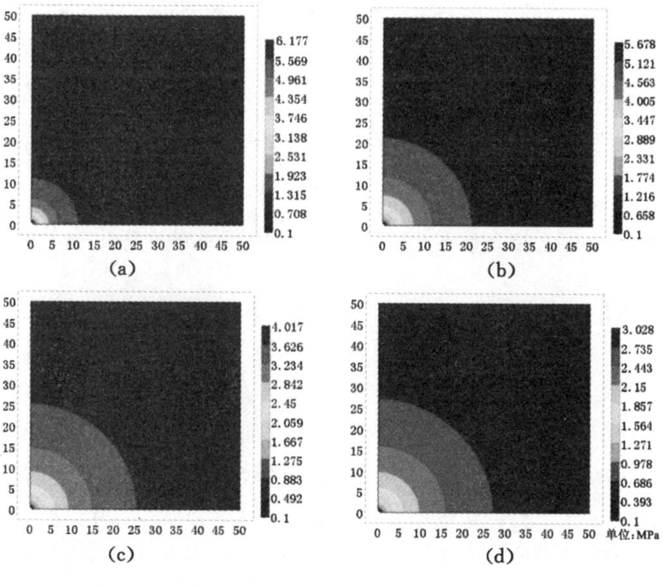

图 4-6　煤层中孔隙压力分布云图(T=375 K)

(a) 10 d;(b) 100 d;(c) 500 d;(d) 1 000 d

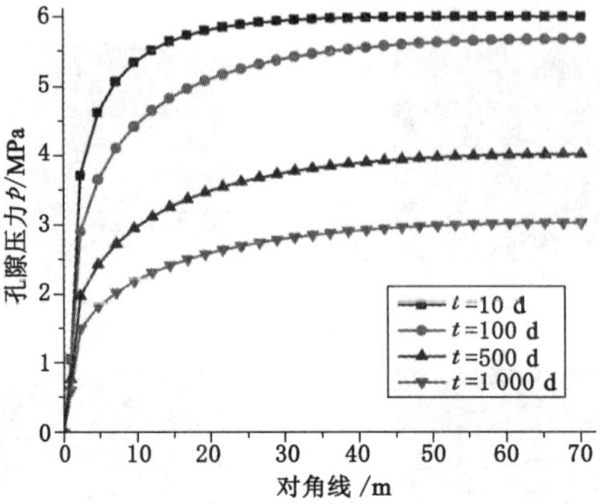

图 4-7 不同时刻孔隙压力沿模型对角线的变化(T=375 K)

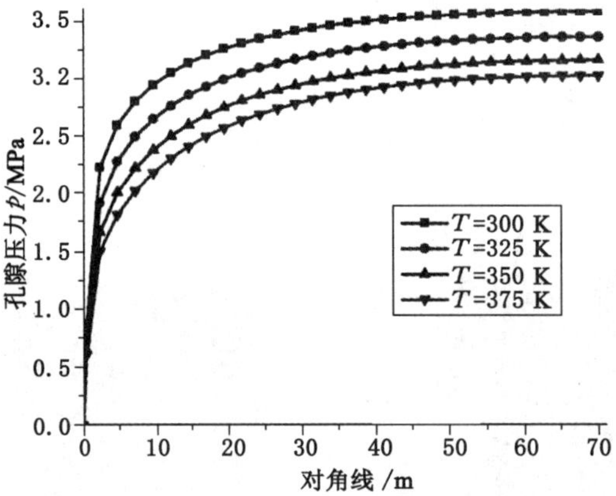

图 4-8 不同温度条件下孔隙压力沿模型对角线的变化(t=1 000 d)

由图 4-3～图 4-8 可看出：在生产过程中，井边的孔隙压力受开采的影响不断减小，随开采进行，孔隙压力受开采影响的范围沿生产井不断向四周扩大，并逐步扩展到整个模型。生产 10 d 时，开采影响到距生产井 35 m 的范围处；而生产 1 000 d 时，整个模型均受到开采的影响，孔隙压力的最大值为 3.78 MPa。同时在开采过程中，煤层中压力差在减小，相应各处压力梯度亦下降。生产 500 d 时，孔隙压力最大值位于模型右上角，为 4.02 MPa，压差为 3.92 MPa；而在接下来 500 d 的开采中，孔隙压力最大值为 3.02 MPa，孔隙压力最小值仍位于生产井，压差为 2.92 MPa。压差下降的同时，煤层各点压力梯度下降，根据气体渗流规律，渗流速度亦会下降，相应开采速率将不断减小。生产相同时间内，煤层温度 T 越高，煤层各点孔隙压力变化幅度越大。在生产至第 1 000 天时，注热温度为 300 K 时孔隙压力最大值为 3.58 MPa，注热温度为 375 K 时孔隙压力最大值为 3.03 MPa，比前者降低 15.4%。这是因为：温度越高，CH_4 越容易发生解吸作用，相应的吸附变形也就越小，造成煤体中的孔隙度和裂隙开度增大，煤层渗透率亦变大，加速气体运移，导致气体压力下降。

4.2.2　渗透率变化

图 4-9 是不同注热温度下煤层中点(1,1)处的渗透率比率随孔隙压力的变

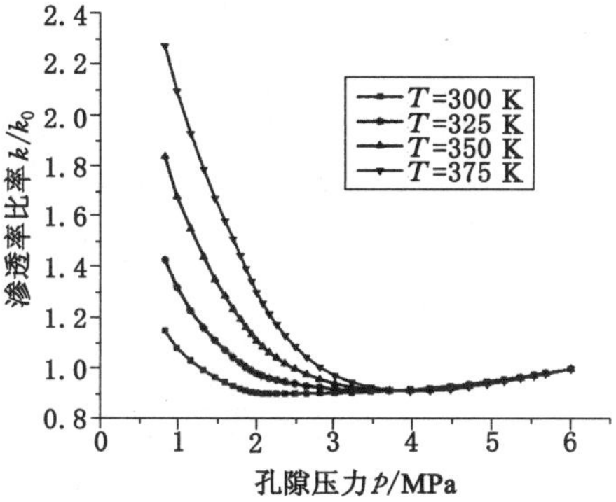

图 4-9　煤层中点(1,1)处渗透率比率随孔隙压力变化曲线

化曲线。由图可知，在煤层气开采过程中，模型的渗透率先减小后增大；孔隙压力从 6 MPa 减小到 3.5 MPa 过程中，渗透率减小，但减小的幅度不大。当孔隙压力小于 3.5 MPa 时，渗透率开始急剧增加。对于不同温度，渗透率变化规律有所不同：在开采初期渗透率减小阶段，温度对渗透率的变化几乎没产生影响；而在渗透率增大阶段，煤层温度越高，渗透率变化幅度越大。在生产 1 000 d 时，温度 $T=375$ K 对应的渗透率为初始时的 2.2 倍，$T=300$ K 对应的渗透率变化为初始时的 1.2 倍，温度对渗透率的变化产生影响。其原因在于渗透率的变化主要取决于孔隙率的变化。在煤层气开采过程中，游离态 CH_4 由生产井流出，储层压力下降，煤层有效应力增大，则孔隙率减小、渗透率降低；与此同时随孔隙压力下降，煤基质块吸附产生的变形减小，又可促使孔隙率变大、渗透率增大；温度升高导致热膨胀效应，使孔隙率减小、渗透率降低，而温度升高导致处于吸附状态的煤层气解吸，使孔隙率变大、渗透率增大。上述几种效应共同影响渗透率变化规律。在开采初期，热传导影响范围有限，热膨胀对渗透率变化的影响很小。由吸附膨胀变形与压力函数的关系可知，储层压力大于朗缪尔压力时，压力变化导致的吸附变形变化较小；反之储层压力小于朗缪尔压力时，压力变化导致的吸附变形变化较大。由于初始储层压力较大，压力变化导致的吸附变形变

化对渗透率变化的影响很小，则有效应力增大引起的力学变形起主导作用，导致煤层渗透率减小；但是有效应力变化导致的煤层变形较小，因此渗透率减小的幅度不大。随着生产过程进行，孔隙压力下降，当储层压力小于朗缪尔压力时，压力减小会导致吸附变形大大降低，这时对渗透率变化起主导作用的是吸附膨胀减小，导致渗透率增大。温度升高亦可促使煤层气解吸，吸附态 CH_4 减少，吸附膨胀越小，渗透率越大。因此，提高煤层温度对 CH_4 开采具有重要的促进作用。

4.2.3 煤层气产量

图 4-10 是 CH_4 产出速率随时间的变化曲线，图 4-11 是 CH_4 累计产量曲线，表 4-3 是 CH_4 产量情况。可以看出，煤层温度 T 越高，CH_4 产量越大：生产 1 天，$T=300$ K 时产量为 363.39 m^3，$T=375$ K 时产量为 480.62 m^3，比前者增大

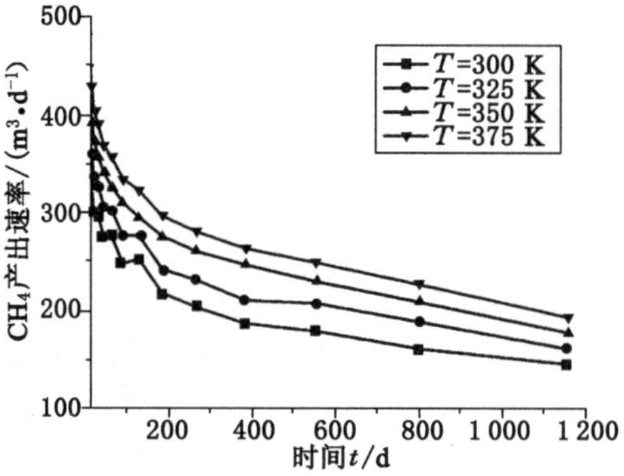

图 4-10　不同温度下 CH_4 产出速率

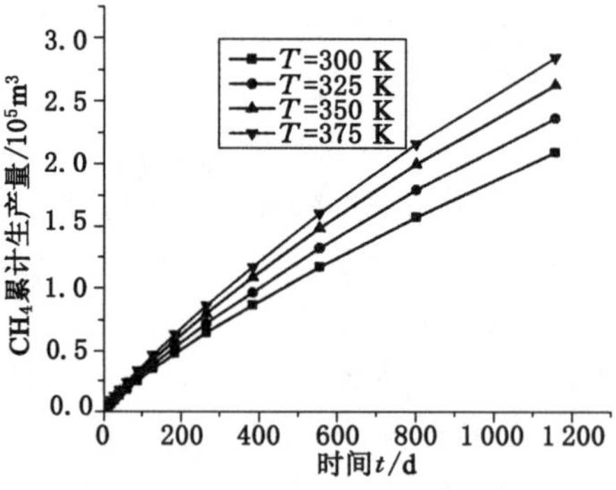

图 4-11　不同温度下 CH_4 累计产量

32%。随着生产进行，各个模型的产气速率均逐渐减小，这是因为煤层压力梯度对 CH_4 渗流起主导作用，生产过程中压力梯度不断减小，造成 CH_4 产出速率降低。生产第 1 000 天，T=300 K 时产出速率为 154.73 m^3/d，T=375 K 时产出速率为 212.50 m^3/d，比前者提高 37.34%。从 CH_4 累计产量看，生产 1 000 d，T= 300 K 时为 179 712.90 m^3，T = 375 K 为 246 143.90 m^3，比前者增大 36.97%。这表明提高煤层温度可以提高 CH_4 产出速率，从而提高同期累计产量。其原因在于温度会影响煤层气的吸附解吸规律，煤层温度越高，吸附状态 CH_4 越不稳定，更容易解吸成游离态；游离态气体从煤层孔隙扩散到裂隙中，在压力梯度作用下加速向生产井渗流，使 CH_4 产量增加。同时，煤层温度越高，煤层吸附变形越小，吸附变形的减小造成煤层中的基质孔隙率和裂隙开度变大，煤层渗透率变大，从而提高 CH_4 开采效率。

表 4-3　　不同温度下 CH_4 产量

生产 t/d	CH_4 产出速率/($m^3 \cdot d^{-1}$)				CH_4 累计产量/m^3			
	300 K	325 K	350 K	375 K	300 K	325 K	350 K	375 K
1	363.39	404.37	442.19	480.62	363.39	404.37	442.19	480.62
10	326.70	361.97	394.71	429.42	3 369.43	3 799.43	4 209.53	4 554.40
100	251.20	276.58	300.12	327.08	32 027.13	35 491.43	38 955.06	42 287.49
500	184.80	209.82	241.61	259.07	95 893.98	107 550.80	121 005.40	130 471.60
1 000	154.73	177.02	195.38	212.50	179 712.90	203 921.30	227 433.60	246 143.90

4.3　地应力对煤层气开采的影响

由于地质条件不同，含气煤层承受着不同的地应力，对煤层气开采起着重要的控制作用。本节将分别讨论不同地应力作用下的开采效果，相应模拟方案见表 4-1 方案 2。相关参数为：煤层裂隙初始间距 $s=10^{-3}$ m，裂隙开度初始值 $a=10^{-6}$ m，煤层温度 T = 375 K，弹性模量衰减率 R_m = 0.5。数值模拟结果如图 4-12～图 4-17 所示。

4.3.1　气体压力分布

图 4-12～图 4-15 是不同侧压系数即不同地应力条件下孔隙压力分布云图，

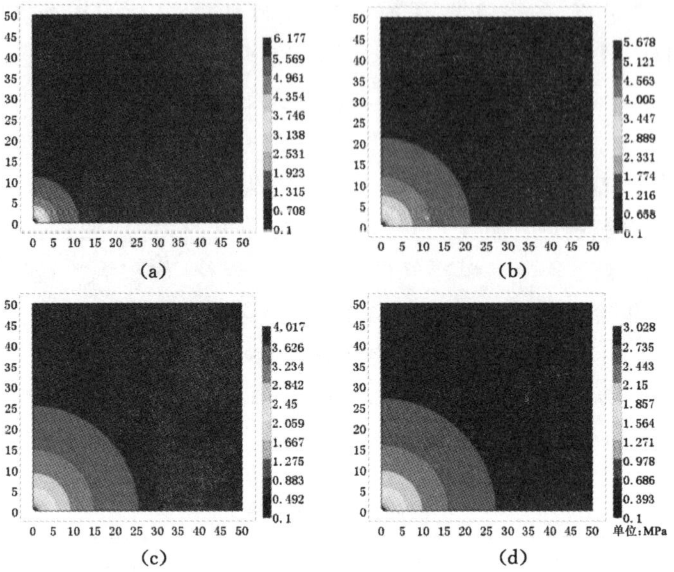

图 4-12 煤层中压力分布云图($\lambda=1$)

(a) 10 d;(b) 100 d;(c) 500 d;(d) 1 000 d

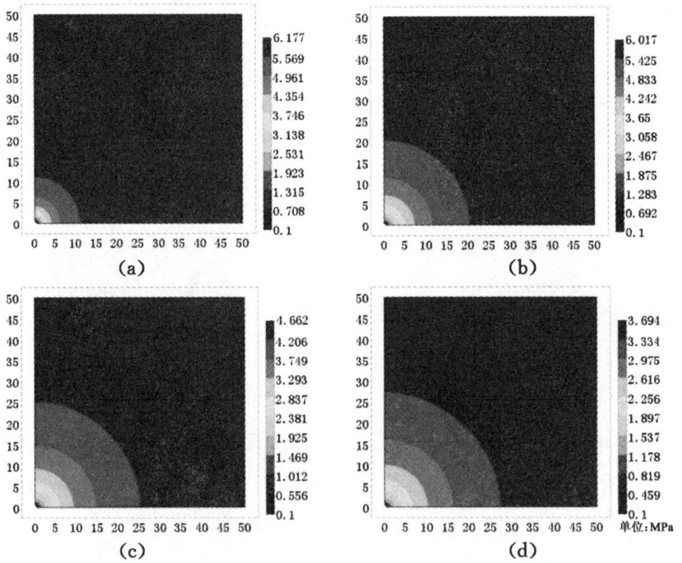

图 4-13 煤层中压力分布云图($\lambda=2$)

(a) 10 d;(b) 100 d;(c) 500 d;(d) 1 000 d

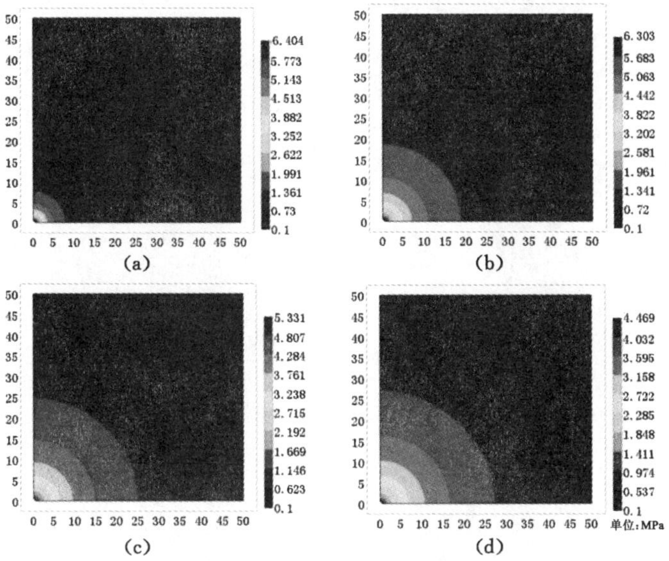

图 4-14　煤层中压力分布云图(λ=3)

(a) 10 d;(b) 100 d;(c) 500 d;(d) 1 000 d

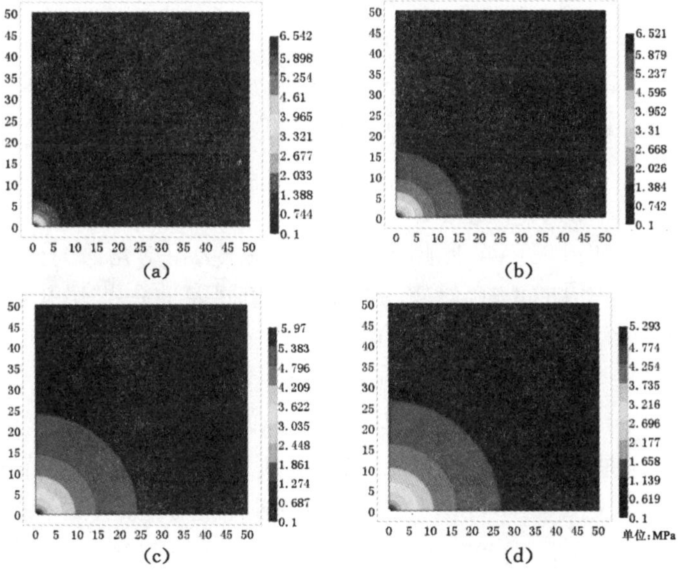

图 4-15　煤层中压力分布云图(λ=4)

(a) 10 d;(b) 100 d;(c) 500 d;(d) 1 000 d

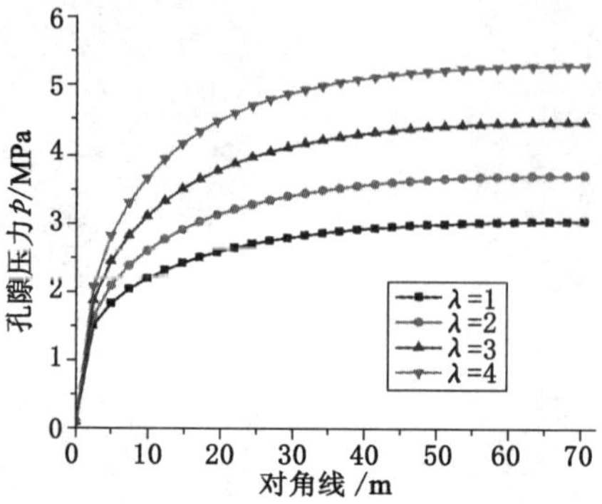

图 4-16　孔隙压力沿模型对角线的变化曲线(t=1 000 d)

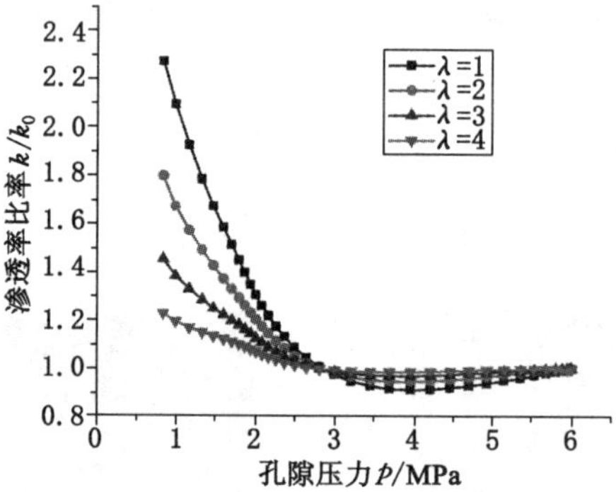

图 4-17　煤层中点(1,1)处渗透率比率随孔隙压力变化曲线

图 4-16 是生产 1 000 d 时不同地应力条件下孔隙压力沿对角线的分布曲线。

由图 4-12～图 4-15 可知，地应力越大，在相同时间内煤层孔隙压力变化范围越小，即开采的影响范围越小。由图 4-16 可知，生产 1 000 d 时，在模型的对角线方向，侧压系数小的煤层孔隙压力始终比侧压系数大的煤层小。生产 1 000 d，λ=1 时的最大孔隙压力为 3.03 MPa，而 λ=4 时的最大孔隙压力为 5.29 MPa。这是由于地应力越大，煤层基质孔隙率和裂隙的开度越小，煤层中气体的总的渗透率越小，所以气体的渗流速率越小，气体的孔隙压力的变化亦越小。

4.3.2　渗透率变化

图 4-17 是不同侧压系数条件下，煤层中点(1,1)处的渗透率比率随孔隙压

力的变化曲线。可以看出，不同侧压系数条件下，渗透率变化规律相似，即伴随着开采的进行，模型的渗透率总是先减小后增大：孔隙压力从 6 MPa 减小到 3 MPa过程中，渗透率减小，但减小的幅度不大；小于 3 MPa 时，渗透率开始增大。侧压系数大的模型渗透率变化幅度小。渗透率减小是因为开采过程中气体压力下降，导致煤层有效应力的增大引起煤体骨架的变形起在渗透率的动态变化中起主导作用，促使孔隙度和裂隙的开度变小，造成渗透率减小；随着开采的持续进行，气体压力下降促使吸附气体解吸使煤基质吸附变形，导致基质孔隙率和裂隙开度变大，渗透率变大。在一定气体压力条件下，侧压系数的增加导致有效应力增大，使得基质孔隙率和裂隙率减小，渗透率相应下降。

4.3.3　煤层气产量

图 4-18 是不同地应力条件下 CH_4 产出速率随时间的变化曲线，图 4-19 是

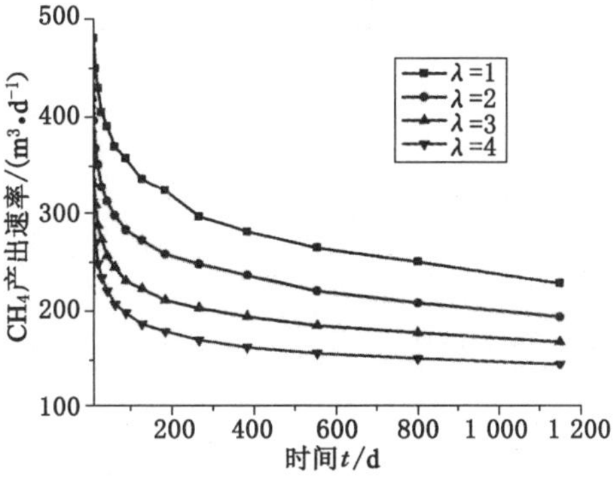

图 4-18　不同侧压下 CH_4 产出速率

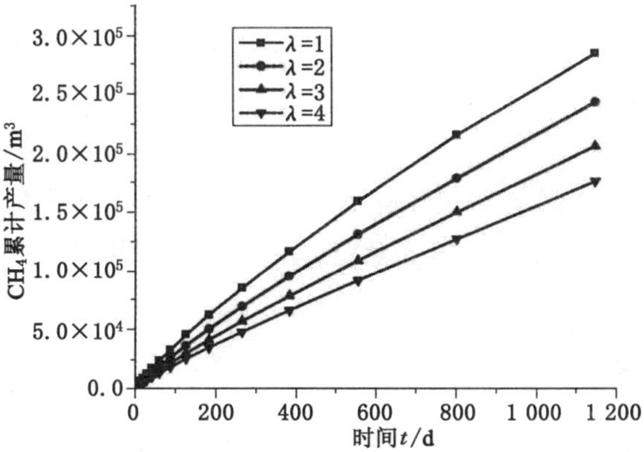

图 4-19　不同侧压下 CH_4 累计产量

CH_4累计产量曲线,表 4-4 是 CH_4产量。可以看出,4 个模型产出速率变化规律基本相似,均为地应力越大,CH_4的产出速率越小。模型初始阶段的产出速率较大。侧压系数 $\lambda=1$ 的模型和 $\lambda=4$ 的模型生产 1 d 时的产出速率分别为 480.62 m^3/d 和 285.49 m^3/d,前者比后者产出速率提高 40.5%。而之后逐渐减小,生产 1 000 d 时,产出速率分别为 214.94 m^3/d 和 141.84 m^3/d,且产出速率的变化率不断减小。水平应力较大的模型在相同时间内产出的 CH_4总量相对来说要小得多。生产 1 000 d 时,侧压系数 $\lambda=1$ 的模型 CH_4 累计产量为 245 210.20 m^3,而同时 $\lambda=4$ 的模型 CH_4 累计产量为 148 580.40 m^3,比前者少开采39.4%。原因在于:增加煤层中的地应力,可以使煤层中的基质孔隙率下降和裂隙趋于闭合,造成渗透率降低,气体在孔隙和裂隙中的渗流速率降低,从而导致产气速率和产气量下降。

表 4-4　　不同侧压系数下 CH_4产量

时间 t/d	CH_4 产出速率/($m^3\cdot d^{-1}$)				CH_4 累计产量/m^3			
	$\lambda=1$	$\lambda=2$	$\lambda=3$	$\lambda=4$	$\lambda=1$	$\lambda=2$	$\lambda=3$	$\lambda=4$
1	480.62	395.85	329.90	285.49	480.62	395.85	329.90	285.49
10	429.42	350.21	286.98	247.68	4 554.40	3 792.14	3 229.02	2 843.33
100	327.08	261.69	213.21	179.65	42 287.49	34 056.95	27 973.85	23 821.63
500	259.07	215.16	181.05	152.95	130 471.60	107 426.50	88 808.28	74 965.71
1 000	214.94	189.50	163.53	141.84	245 210.20	206 707.60	174 195.60	148 580.40

4.4　煤层弹性模量对煤层气开采的影响

根据 Biot 有效应力理论,Biot 系数 α 值取决于 K/K_s比值。Biot 系数是煤层气热-流-固耦合中的一个重要参数,因此煤层体积模量 K 亦是影响煤层气开采的因素之一。模拟方案见表 4-1 方案 3。在本次模拟中,其他参数取值为:地应力 $\sigma_x=-5$ MPa 和 $\sigma_y=-5$ MPa(负号表示煤层处于受压状态),煤层的裂隙的初始间距 $s=10^{-3}$ m,裂隙开度初始值 $a=10^{-6}$ m,煤层温度 $T=375$ K,弹性模量衰减率 $R_m=0.5$,$K_s=8.42$ GPa。

4.4.1　气体压力分布

图 4-20～图 4-23 是不同 K/K_s条件下孔隙压力分布云图,图 4-24 是开采第 1 000 d 孔隙压力沿模型对角线的分布曲线。

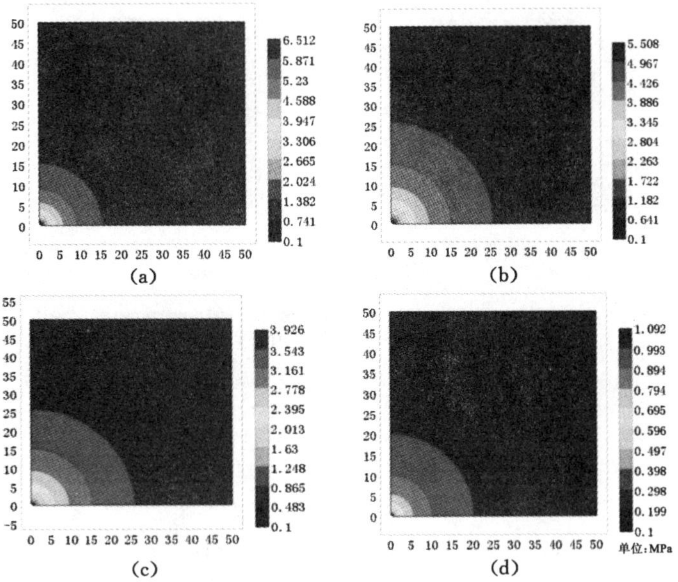

图 4-20　煤层中压力分布云图($K/K_s=1/10$)

(a) 10 d;(b) 100 d;(c) 500 d;(d) 1 000 d

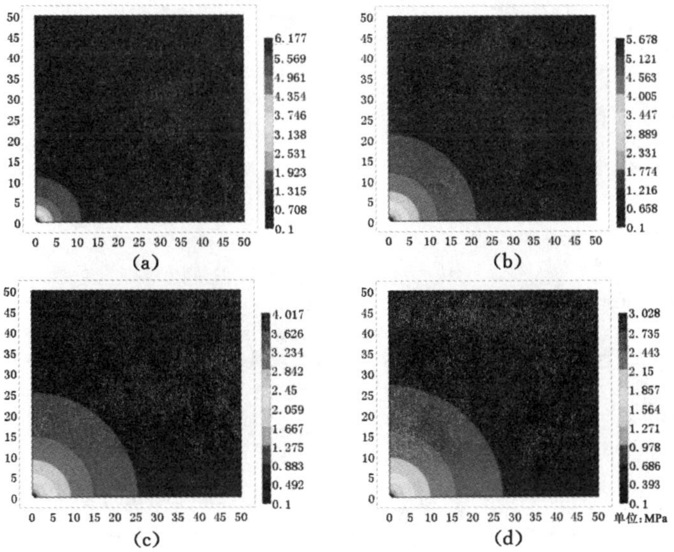

图 4-21　煤层中压力分布云图($K/K_s=1/3$)

(a) 10 d;(b) 100 d;(c) 500 d;(d) 1 000 d

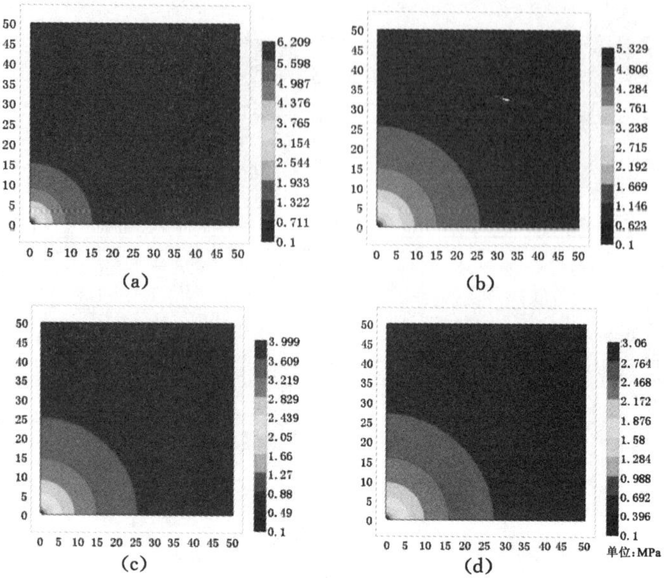

图 4-22 煤层中压力分布云图($K/K_s=1/2$)

(a) 10 d;(b) 100 d;(c) 500 d;(d) 1 000 d

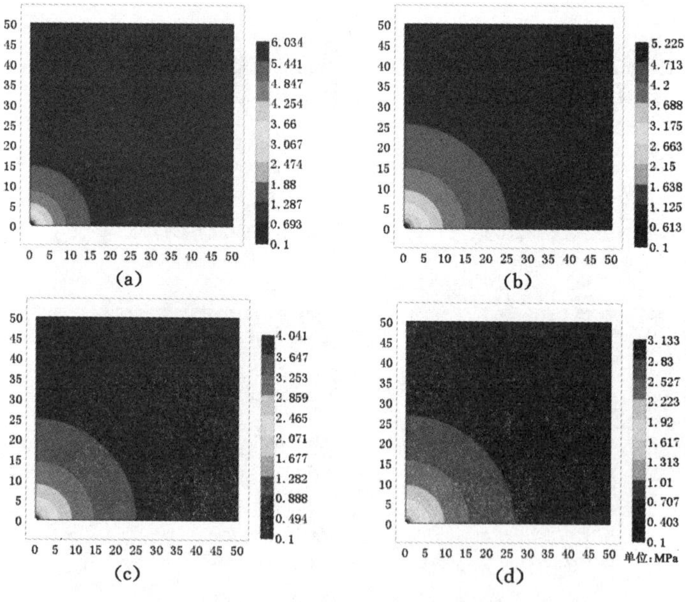

图 4-23 煤层中压力分布云图($K/K_s=2/3$)

(a) 10 d;(b) 100 d;(c) 500 d;(d) 1 000 d

由图 4-20～图 4-23 可知，煤层弹性模量比不同，在开采相同时间内，煤层中各点气体压力的变化范围不同，且 K/K_s 越小，孔隙压力的变化范围越大，即开采的影响范围越大；由图 4-24 可知，当开采进行到 1 000 d 时，孔隙压力在各个模型的对角线上分布是不同的，K/K_s 值越大，煤层中剩余的煤层气压力越大。$K/K_s=1/10$ 时孔隙压力最大值为 2.9 MPa，$K/K_s=2/3$ 时孔隙压力最大值为为 3.15 MPa，比前者增大 8.6%。这说明 K/K_s 越小，煤层渗透性能越强，孔隙压力变化越大。原因在于 K/K_s 越小，煤层孔隙率越易受到孔隙压力变化的影响，煤层渗透率变化幅度就越大，所以气体的渗透速率就越快，煤层中孔隙压力的变化就越大。

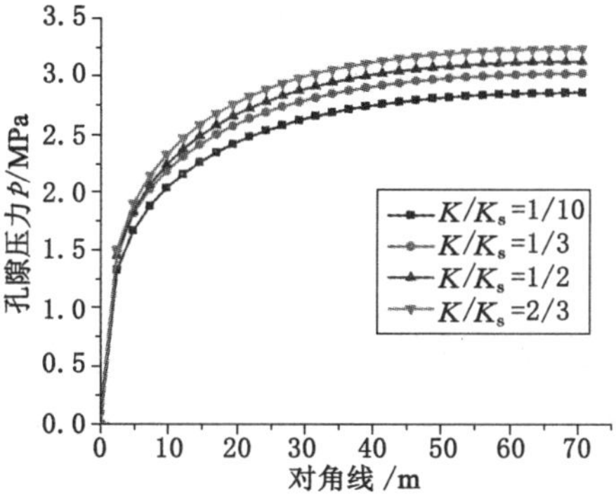

图 4-24　孔隙压力沿模型对角线变化曲线($t=1\ 000$ d)

4.4.2　渗透率变化

图 4-25 是不同侧压系数条件下，煤层中点(1，1)处渗透率比率随孔隙压力的变化曲线。可以看出，K/K_s 数值大小不同时，4 个模型渗透率变化规律相似，即在开采过程中，模型的渗透率先减小后增大：孔隙压力从 6 MPa 减小到 4 MPa过程中，渗透率减小，但减小的幅度不大；小于 4 MPa 时，渗透率开始增大。K/K_s 小的模型渗透率变化幅度大。渗透率减小是因为有效应力的增大起主导作用，使孔隙度和裂隙开度变小，造成渗透率减小；随着开采进行，孔隙压力减小，气体解吸作用使煤层变形的减小起主要作用，使孔隙度和裂隙开度变大，因此渗透率增大。K/K_s 越小，煤层中裂隙和孔隙的闭合程度越小，所以在开采的过程中煤层的基质孔隙率和裂隙开度变化幅度更大，导致煤层气的渗透率增加，提高煤层气产量。

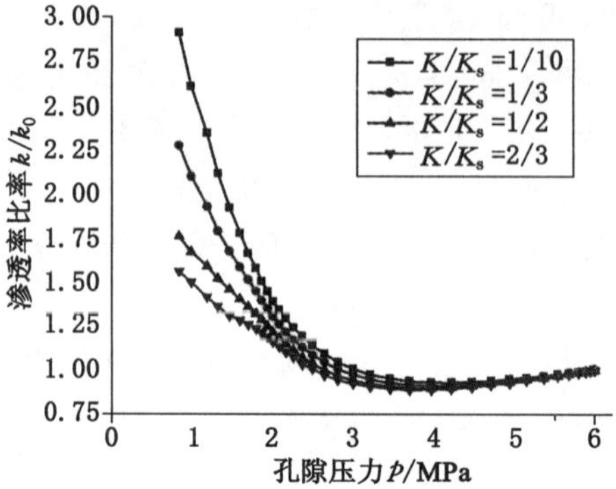

图 4-25　煤层中(1,1)点渗透率随孔隙压力变化曲线

4.4.3　煤层气产量

图 4-26 是 CH_4 产出速率随时间变化曲线，图 4-27 是 CH_4 累计产量随时间变化曲线，表 4-5 是 CH_4 产量。

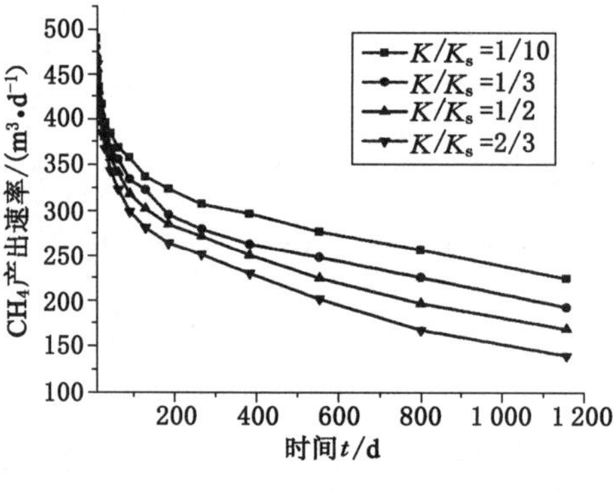

图 4-26　不同煤层弹性模量下 CH_4 产出速率

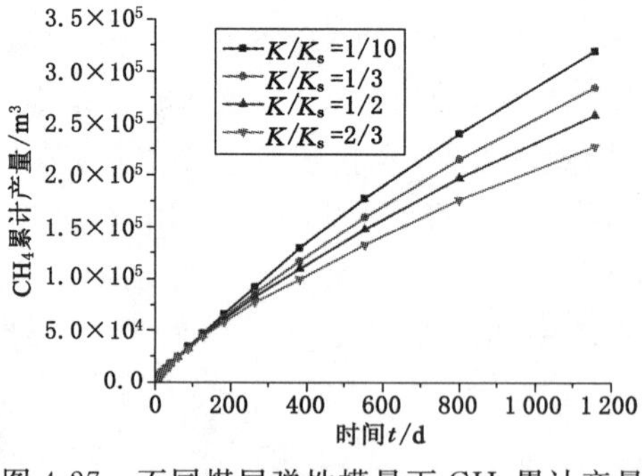

图 4-27　不同煤层弹性模量下 CH_4 累计产量

表 4-5　不同煤层弹性模量下 CH_4 产量

时间 t/d	CH_4 产出速率/($m^3 \cdot d^{-1}$)				CH_4 累计产量/m^3			
	$K/K_s=1/10$	$K/K_s=1/3$	$K/K_s=1/2$	$K/K_s=2/3$	$K/K_s=1/10$	$K/K_s=1/3$	$K/K_s=1/2$	$K/K_s=2/3$
1	489.97	480.62	472.55	464.47	489.97	480.62	472.55	464.47
10	436.49	429.42	422.71	413.01	4 600.99	4 554.40	4 523.32	4 493.60
100	344.51	327.08	307.63	287.25	43 181.86	42 287.49	41 329.89	40 447.32
500	291.03	259.07	243.43	222.33	144 827.90	130 471.60	121 710.90	109 832.80
1 000	243.47	212.50	185.73	156.75	275 400.40	246 143.90	224 195.70	199 222.70

可以看出，K/K_s 越大，CH_4 产出速率越小。开采 1 d，当 $K/K_s=1/10$ 时产量为 489.97 m^3；而当 $K/K_s=2/3$ 时产量为 464.47 m^3，比前者减小 5.2%；并且 K/K_s 越大，产出速率下降也越快。同样开采 1 000 d，当 $K/K_s=1/10$ 时，产出速率为 243.47 m^3/d；当 $K/K_s=2/3$ 时产出速率仅为 156.75 m^3/d，比前者减小 5.2%。当 K/K_s 一定时，模型的产出速率在初始阶段下降较大，而在开采的后期产出速率下降幅度要小得多。图 4-26 中，同样生产 1 000 d，$K/K_s=1/10$ 时累计产量为 275 400.4 m^3，而 $K/K_s=2/3$ 累计产量为 199 222.7 m^3，比前者少产 27.6%。这说明煤层的弹性模量比对产量的影响明显。K/K_s 比值越小，相应 Biot 系数越大，而 Biot 系数是表征孔隙压力对煤体骨架变形影响的参数。Biot 系数越大，说明一定孔隙压力变化引起煤层形变的变化也就越大，相应渗透率越容易受到影响。Biot 系数越大，说明煤层储存系数越大。渗透率增加和较大的储存系数会提高 CH_4 产量，所以 K/K_s 值越小，CH_4 累计产量也越大。

4.5　裂隙发育程度对煤层气开采的影响

煤层裂隙发育程度决定了煤层初始渗透率，对煤层气开采效率有很重要的影响。此处采用裂隙间距 s 来衡量裂隙发育程度，分析裂隙发育程度对开采的影响。相应的模拟方案见表 4-1 方案 4。

在本次模拟中，地应力为 $\sigma_x=-5$ MPa 和 $\sigma_y=-5$ MPa(负号表示煤层处于受压状态)，煤层温度 $T=375$ K，弹性模量衰减率 $R_m=0.5$。数值模拟结果如图 4-28～图 4-32 所示。

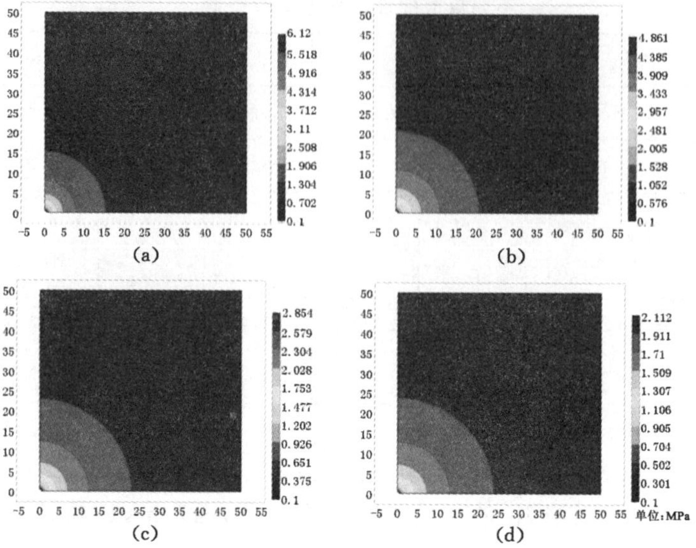

图 4-28　孔隙压力分布云图（s=0.000 5 m）

(a) 10 d;(b) 100 d;(c) 500 d;(d) 1 000 d

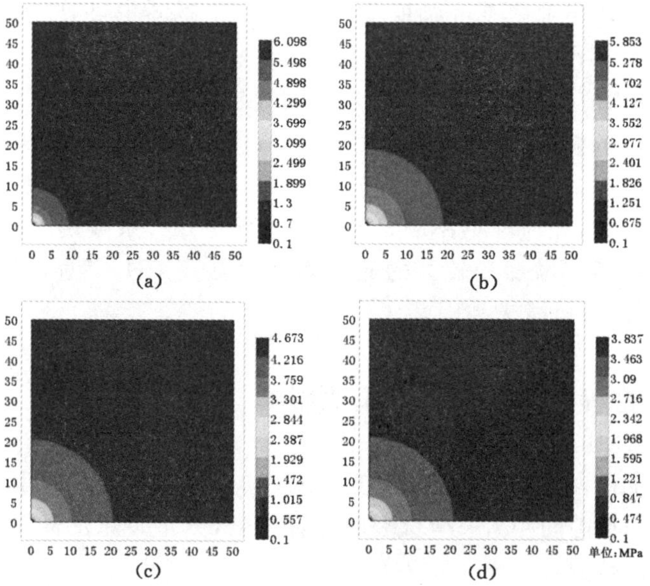

图 4-29　孔隙压力分布云图（s=0.001 m）

(a) 10 d;(b) 100 d;(c) 500 d;(d) 1 000 d

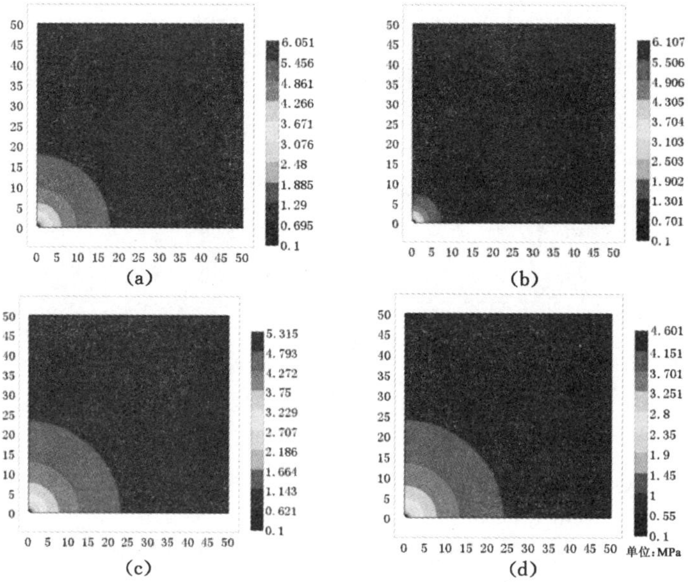

图 4-30　孔隙压力分布云图（s=0.002 m）

(a) 10 d;(b) 100 d;(c) 500 d;(d) 1 000 d

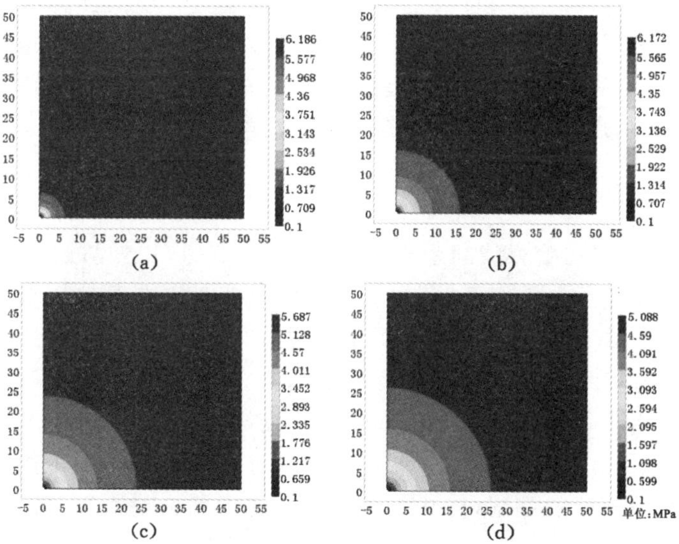

图 4-31　孔隙压力分布云图（s=0.004 m）

(a) 10 d;(b) 100 d;(c) 500 d;(d) 1 000 d

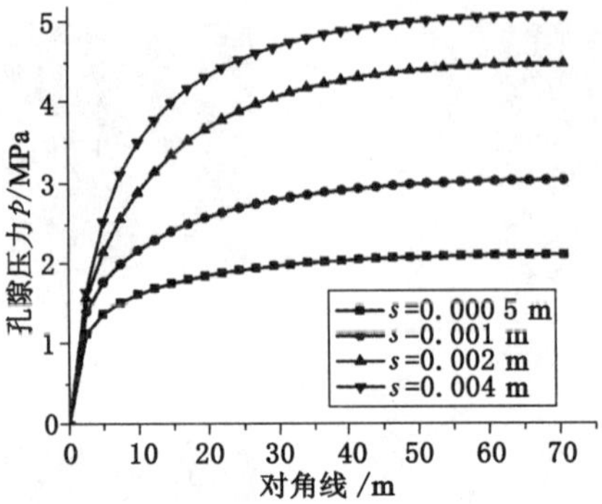

图 4-32　孔隙压力沿模型对角线的变化(t=1 000 d)

4.5.1　气体压力分布

图 4-28～图 4-31 为不同裂隙发育程度下煤层气孔隙压力布云图;图 4-32 为开采 1 000 d 时,计算模型对角线上的孔隙压力分布情况。

由图 4-28～图 4-31 可知:裂隙越发育,孔隙压力变化越大。由图 4-32 知:生产 1 000 d,s=0.000 5 m 的模型对角线上气体最大压力为 2.11 MPa,比初始压力下降 3.89 MPa;s=0.004 m 的模型对角线上气体最大压力为 5.08 MPa,比初始压力只下降 0.92 MPa。其原因在于裂隙间距越小,煤层裂隙越多,渗流通道越多,气体运移速度越快,气体运移会导致煤层压力下降,因此裂隙间距越小,孔隙压力越小,压力相对于初始值的变化就越大。

4.5.2　渗透率变化

图 4-33 是不同初始裂隙间距条件下,煤层中点(1,1)处渗透率比率 k/k_0 随孔隙压力的变化曲线。由图可知,在生产过程中模型的渗透率先减小后增大:从孔隙压力 6 MPa 减小到 2.8 MPa 这段过程中,渗透率减小,但减小的幅度不大;当孔隙压力小于 2.8 MPa 时,渗透率开始增大。裂隙初始间距 s 越小,在生产过程中渗透率变化幅度越大:s=0.000 5 m 时在开采后期渗透率为初始值的 2.7 倍,s=0.004 m 时模型的渗透率为初始时的 1.7 倍。这是由于:渗透率主要受孔隙度和裂隙开度的控制,在开采初期有效应力增大对裂隙开度减小起到主导作用,所以渗透率减小;而在开采后期,吸附变形的减小使裂隙开度变大起主导作用,所以渗透率不断变大;同时,裂隙间距越小,即裂隙越密,裂隙开度受开采期间煤层变形的影响越大。

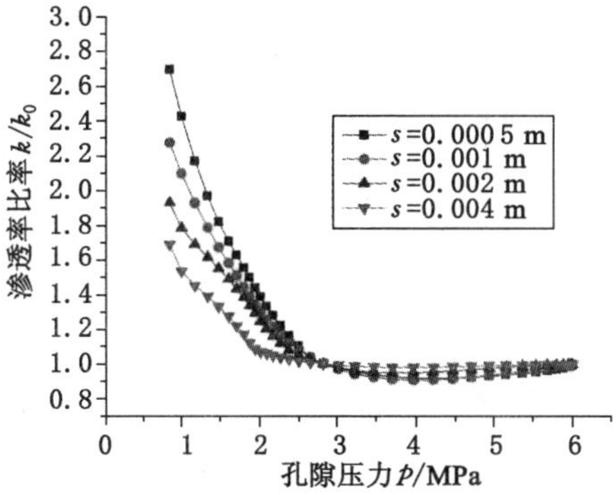

图 4-33 渗透率比率随孔隙压力变化曲线(1,1)

4.5.3 煤层气产量

图 4-34 是 CH_4 产出速率随时间变化曲线，图 4-35 是 CH_4 累计产量随时间变化曲线，表 4-6 是 CH_4 产量。从图表中可以看出：当煤层中裂隙较多时，CH_4 开采速率要明显大得多。开采 1 d，裂隙间距 s=0.000 5 m 时产量为 800.27 m^3，而当 s=0.004 m 时产量为 283.19 m^3，比前者减少 64.6%。裂隙间距 s 越小，即裂隙越密时，CH_4 产出速率在开始阶段下降的幅度较大，而裂隙间距小的模型产出速率的下降幅度小得多。从后期产出速率来看，模型之间的差别比初始时小得多。开采 1 000 d 时，s=0.000 5 m 的模型产出速率为 236.67 m^3/d；而同时 s=0.004 m 的模型产出速率为 138.42 m^3/d。从累计产量看，开采1 000 d 时，s=0.000 5 m 的模型累计产量为 329 119.9 m^3；而 s=0.004 m 的模型累计产量为 147 833 m^3，比前者减少 55.05%。这说明裂隙的发育程度对 CH_4 产

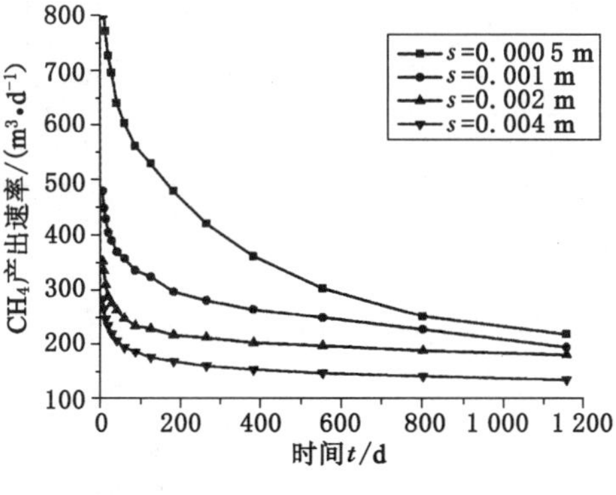

图 4-34 CH_4的产出速率

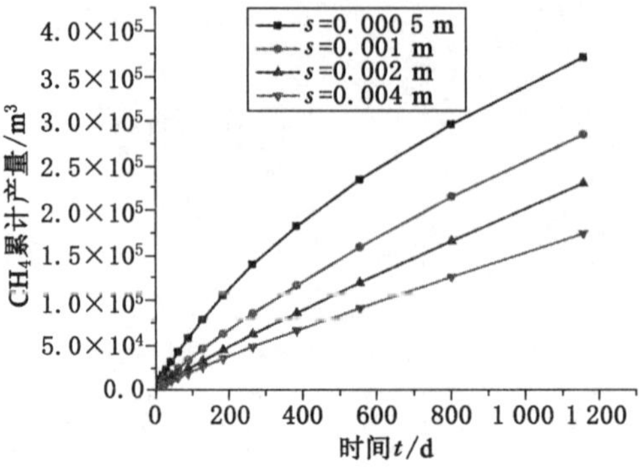

图 4-35　CH_4 累计产量

量的影响是很明显的。这是由于裂隙间距越小，煤层初始渗透率就越大，吸附在煤基质上的 CH_4 越容易解吸出来，所以 CH_4 开采效率越高。在开采过程中，解吸作用使煤基质的变形缩小，使得裂隙开度变大，渗透率增大，使 CH_4 更容易开采；但由于在开采过程中煤层气的压力梯度减小，因此 CH_4 产出速率是减小的。

表 4-6　　不同裂隙间距下 CH_4 产量

时间 t/d	CH_4产出速率/($m^3\cdot d^{-1}$)				CH_4累计产量/m^3			
	s=0.000 5 m	s=0.001 m	s=0.002 m	s=0.004 m	s=0.000 5 m	s=0.001 m	s=0.002 m	s=0.004 m
1	800.27	480.62	351.71	283.19	800.27	480.62	351.71	283.19
10	772.54	429.42	308.90	246.78	7 812.33	4 554.40	3 419.49	2 834.19
100	539.72	327.08	229.93	179.10	72 138.59	42 287.49	29 975.16	23 772.87
500	342.43	259.07	200.77	151.65	199 030.30	130 471.60	96 879.42	74 589.92
1 000	236.67	212.50	184.78	138.42	329 119.90	246 143.90	194 746.70	147 833.00

4.6　弹性模量衰减率对煤层气开采的影响

煤是典型的双重孔隙介质，煤层裂隙的存在使得煤层整体弹性模量有一定程度的降低，以弹性模量衰减率 R_m 来表征这种降低作用。弹性模量衰减率 R_m 主要取决于裂隙的法向开度。裂隙的法向张开或闭合决定了煤层裂隙的渗透率;因此,弹性模量衰减率也是煤层气开采效率的一个重要影响因素。本节将重点分析这一因素的影响程度,相应模拟方案见表 4-1 方案 5。

在本次模拟中,其他参数的取值为:$K/K_s=1/3$;$\sigma_x=-5$ MPa 和 $\sigma_y=-5$ MPa,负号表示煤层处于受压状态;煤层裂隙的初始间距为 $s=10^{-3}$ m;裂隙初始开度为 $a=10^{-6}$ m;煤层温度 $T=375$ K。

4.6.1　气体压力分布

图 4-36～图 4-39 是不同弹性模量衰减率 R_m 下孔隙压力的分布云图;图 4-40是生产 1 000 d 时,不同弹性模量衰减率 R_m 下模型对角线上的压力分布情况。

由图 4-36～图 4-39 可以看出:R_m 越小,在相同时间内,煤层中气体的孔隙压力变化范围越大,即开采的影响范围越大。由图 4-40 可知:开采 1 000 d,R_m 大的煤层孔隙压力始终比 R_m 值小的煤层大。生产 1 000 d,$R_m=1$ 的模型最大孔隙压力为 3.6 MPa,而 $R_m=0$ 时的模型最大孔隙压力为 2.26 MPa。这是由于 $R_m=0$ 时,煤层总渗透率变化取决于裂隙渗透率动态变化;由于裂隙渗透率大于基质渗透率,因此裂隙渗透率越大,总渗透率越大,气体运移速率越大,导致孔隙压力的变化就越大。

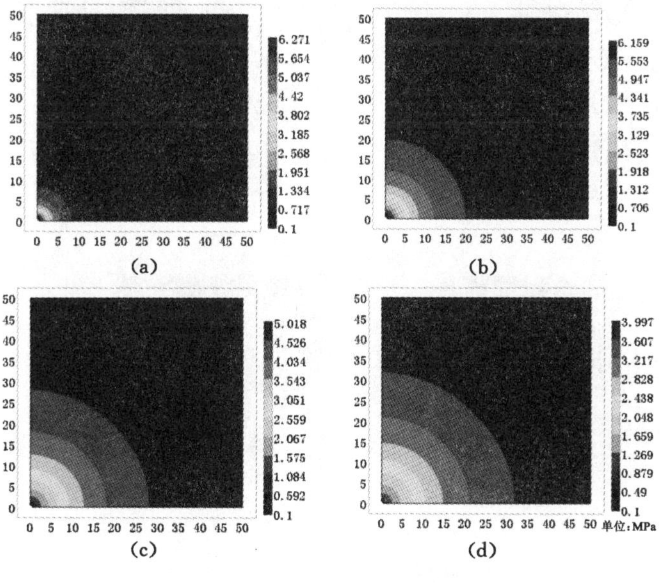

图 4-36　孔隙压力分布云图($R_m=0$)

(a) 10 d;(b) 100 d;(c) 500 d;(d) 1 000 d

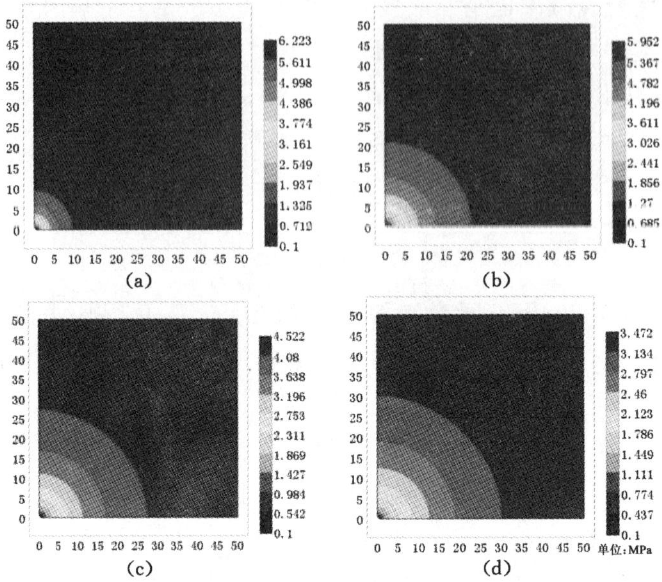

图 4-37　孔隙压力分布云图(R_m=0.25)

(a) 10 d;(b) 100 d;(c) 500 d;(d) 1 000 d

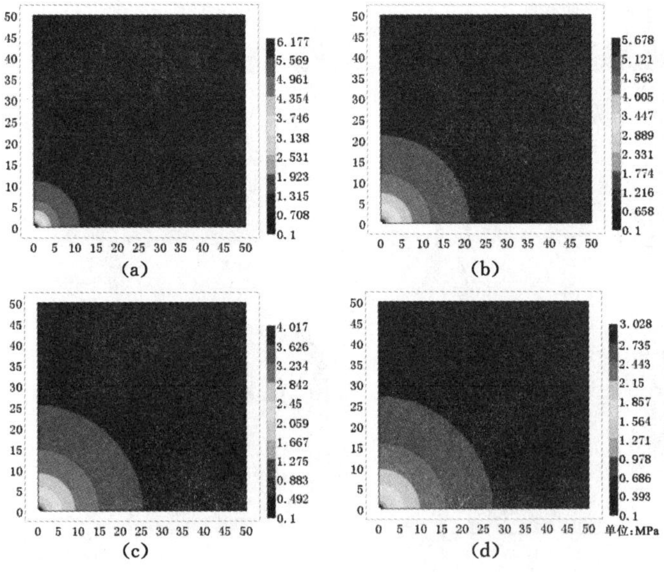

图 4-38　孔隙压力分布云图(R_m=0.5)

(a) 10 d;(b) 100 d;(c) 500 d;(d) 1 000 d

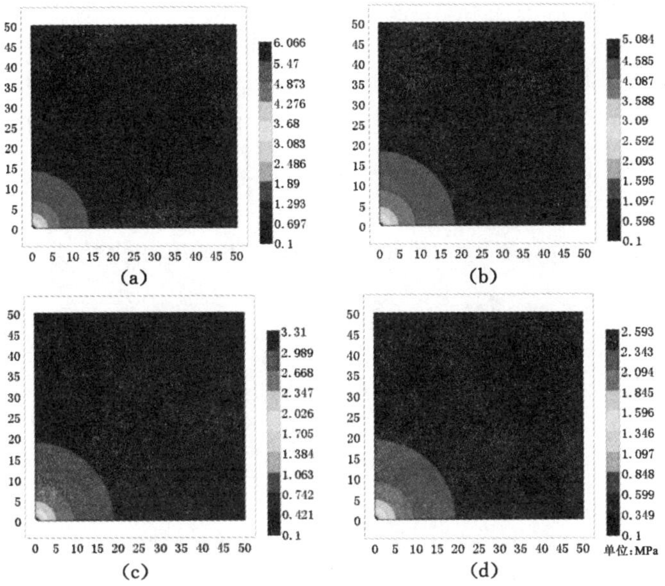

图 4-39　孔隙压力分布云图($R_m=1$)

(a) 10 d;(b) 100 d;(c) 500 d;(d) 1 000 d

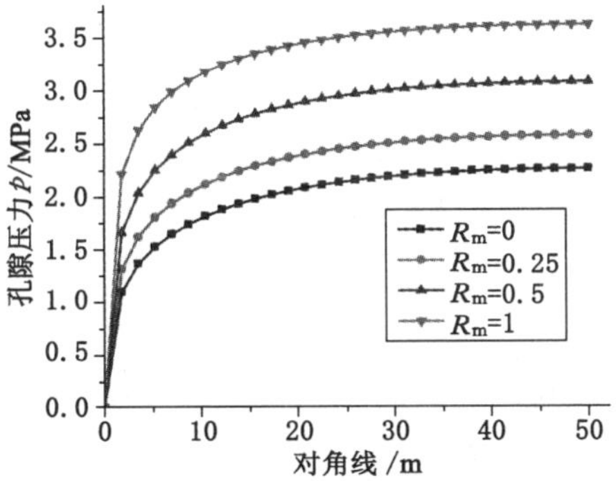

图 4-40　气体压力沿模型对角线的变化($t=1\ 000$ d)

4.6.2　渗透率变化

图 4-41 是不同模量衰减率下,煤层中点(1,1)处的渗透率比率随孔隙压力的变化曲线。由图可知,在煤层气开采的过程中,模型渗透率先减小后增大:从 6 MPa 减小到 2.7 MPa 这段过程中,渗透率减小,但减小的幅度不大,不同弹模

衰减率对应的渗透率区别不大；当小于 2.7 MPa 时，渗透率开始增大，弹模衰减率 R_m 越小，渗透率变化幅度越大。在 $R_m=0$ 时，在开采后期渗透率变化为初始值的 3.48 倍，而同时 $R_m=1$ 的模型渗透率变化为初始时的 1.34 倍。其原因在于渗透率主要受基质孔隙度和裂隙开度的控制：$R_m=0$ 时，煤层基质渗透率与初始基质渗透率始终相等，导致总渗透率动态变化的是裂隙渗透率；$R_m=1$ 时，煤层裂渗透率与初始渗透率始终相等，导致总渗透率动态变化的是基质渗透率，而裂隙渗透率又大于基质渗透率。因此，R_m 越小，渗透率变化就越大。

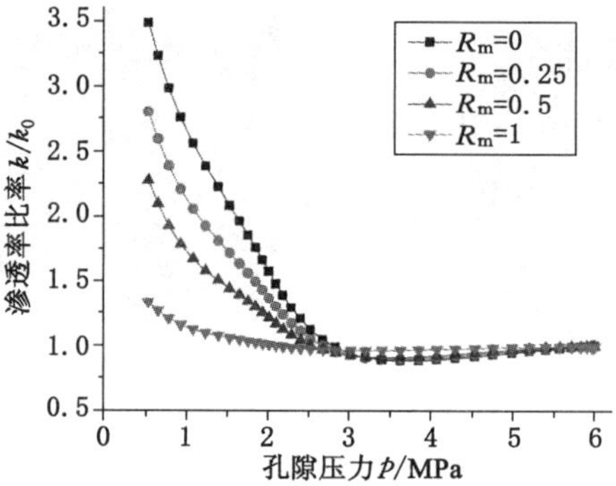

图 4-41　煤层中(1,1)处渗透率比率随孔隙压力变化曲线

4.6.3　煤层气产量

图 4-42 是 CH_4 产出速率随时间变化曲线，图 4-43 是 CH_4 累计产量随时间变化曲线，表 4-7 是 CH_4 产量。从图表中可以看出：弹性模量衰减率 R_m 越大，CH_4 产出速率越小。生产 1 d，$R_m=0$ 时产量为 760.35 m^3，$R_m=1$ 时产量减少为 379.76 m^3，比前者减少 50.05%。生产 1 000 d，$R_m=0$ 时产出速率为 247.55 m^3/d，而 $R_m=1$ 时产出速率为 192.94 m^3/d，比前者减小 22%。因此 R_m 越大，产出速率越小；且在生产初期由 R_m 增大导致的产出速率下降幅度远大于后期。从累计产量看，生产 1 000 d，$R_m=0$ 模型 CH_4 累计产量为 321 559.5 m^3，而 $R_m=1$ 的模型 CH_4 累计产量为 208 512.4 m^3，比前者减少 35%。这是由于 R_m 决定了渗透模式：当 $R_m=0$ 时，基质渗透率始终不变，裂隙渗透率变化在透率动态变化决定着总渗透率的动态变化；当 $R_m=1$ 时，裂隙渗透率始终不变而基质渗透率在总渗透率动态变化中起主导作用。由于初始裂隙渗透率大于基质渗透率，且渗透率随开采过程进行整体呈增加趋势；因此 R_m 越小，煤层渗透率增加就越大，气体产出速率越快，CH_4 产量就越多。

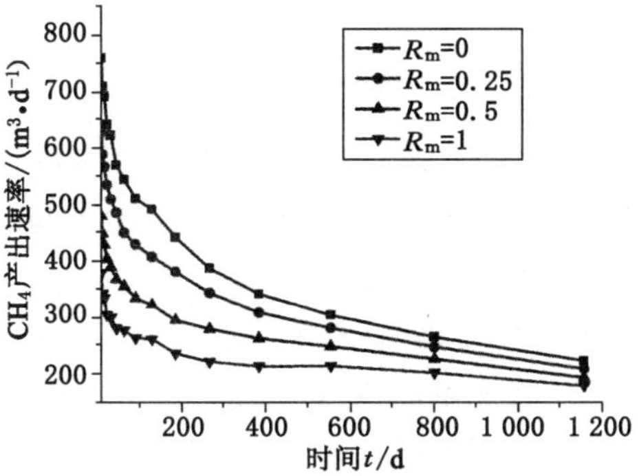

图 4-42　CH_4产出速率

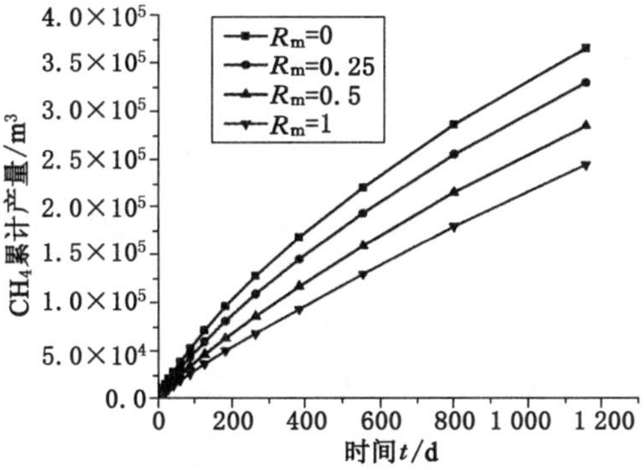

图 4-43　CH_4累计产量

表 4-7　　　　不同弹性模量衰减率下的 CH_4 产量

时间 t/d	CH_4产出速率/($m^3 \cdot d^{-1}$)				CH_4累计产量/m^3			
	R_m=0	R_m=0.25	R_m=0.5	R_m=1	R_m=0	R_m=0.25	R_m=0.5	R_m=1
1	760.35	628.46	480.62	379.76	760.35	628.46	480.62	379.76
10	692.14	567.03	429.42	334.78	6 969.55	5 851.65	4 554.40	3 625.16
100	498.16	415.22	327.08	262.94	65 207.37	54 411.03	42 287.49	33 224.69
500	331.02	300.65	259.07	214.64	184 973.00	160 872.50	130 471.60	104 939.60
1 000	247.55	231.29	212.50	192.94	321 559.50	288 117.50	246 143.90	208 512.40

4.7 本章小结

本章运用双重孔隙介质的热-流-固耦合数学模型对煤层气的开采进行了模拟研究，分析了煤层温度、地应力、煤层模量、裂隙发育程度以及弹性模量衰减率对煤层气开采效果的影响，得到以下结论：

(1) 煤层的温度直接影响煤层气产出速率。煤层温度越高，呈吸附状态的煤层气越不稳定，更容易解吸成游离态；温度越高，煤层吸附变形越小，煤层孔隙率和裂隙开度越大，煤层渗透率也越大，煤层气产出速率越快，煤层气产量越多。煤层温度对煤层气开采具有重要的影响，提高煤层温度可以提高煤层气产量。

(2) 煤层地应力对煤层渗透率有较大影响。地应力越大，煤层孔隙和裂隙闭合相对较紧，造成渗透率降低，减小了气体在孔隙和裂隙中的渗透速率。裂隙渗透速率降低直接导致扩散到孔隙和裂隙中的气体的量减少，这样在相同时间里产出的煤层气的总量就减少很多。

(3) 煤层弹性模量也影响煤层气产量。煤层弹性模量越小，煤层储存系数和孔隙渗透率越大。渗透率增加和较大的储存系数会极大地促进煤层气产量。所以，K/K_s值越小，煤层气产量越大。

(4) 裂隙间距决定裂隙渗透率。裂隙间距越小，煤层初始渗透率就越大，吸附在煤基质上的煤层气越容易解吸出来，因此煤层气生产效率越高。在开采过程中，解吸作用使煤基质的变形缩小，这就使裂隙的开度变大，渗透率增大，使煤层气更容易开采。

(5) 煤层弹性模量衰减率 R_m 决定煤层的渗透率。R_m 越小，煤层的渗透率变化越大，渗透率也就越大，所以气体的产出速率就越快，开采总量也就越多。

第 5 章　热-流-固耦合模型在煤层气注热开采中的应用

注热开采煤层气是指煤层气开采过程中，向低渗透煤层注热，导致吸附于煤层的煤层气赋存运移规律发生变化，促使煤层气加快产出，提高煤层气生产效率。当向煤层注入热量后，原有的吸附-解吸动态平衡被打破，促使煤层气从煤基质内表面解吸出来，通过基岩和微孔隙向外扩散至裂隙，在裂隙通道中渗流，最终由煤层气井产出。

本章将前面建立的热-流-固多场耦合数学模型应用到注热开采煤层气工程中，研究注热对孔隙压力分布、渗透率以及煤层气开采效率的影响。

5.1　数值计算模型及方案

利用第 3 章建立的热-流-固多物理场耦合控制方程进行三维数值模拟，研究注热条件下煤储层力学响应以及煤层气的生产效率。如图 5-1 所示，模型尺寸为 250 m×200 m×10 m。生产井和注热井均位于模型中部，相距 50 m，半径均为 0.1 m，分别实现对煤层注热和煤层气抽采。模型四周为固定位移边界，上、下边界为应力边界，仅受重力作用。煤层埋深为 500 m。

根据模型的对称性，从双井中心面分开取其 1/2 模型（图 5-1 中阴影部分）来进行数值建模分析，如图 5-2 所示。数值模型的前面是对称位移边界，左、右、后表面为固定位移边界，上、下表面为应力边界，受覆岩重力载荷。其中，生产井 A 位于模型坐标为(100,0)的位置，注热井 B 位于模型坐标为(150,0)的位置。对于气体流动方程，模型的边界设置为无流出边界，生产井中保持压力恒定；对于热传导方程，模型边界设置为对称无传导边界条件。煤层的初始孔隙压力为 6 MPa，初始温度为 300 K。

为研究注热温度对煤层气的增产作用，本章分别建立了注热温度为 300 K、350 K、375 K 和 400 K 等 4 个数值模型来进行模拟计算，模拟注热温度对煤层气开采效果、孔隙压力和煤层气渗透率的影响。模拟方案如表 5-1 所列；数值模拟参数如表 5-2 所列。

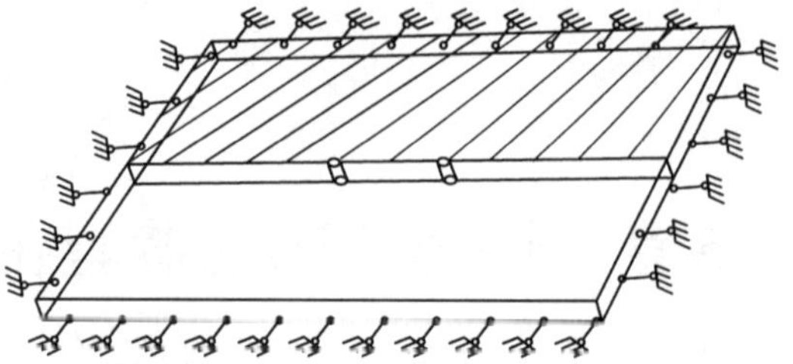

图 5-1　煤层物理模型(俯视图)

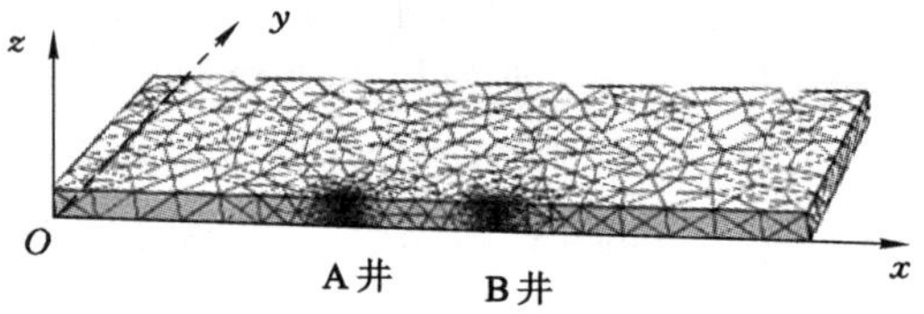

图 5-2　数值计算模型

表 5-1　数值模拟方案

模型编号	注热温度/K	结果分析
1	300	对产气效率的影响 对孔隙压力的影响 对渗透率的影响
2	350	
3	375	
4	400	

表 5-2　数值模型的求解参数

煤杨氏模量 E/GPa	2.713
煤骨架杨氏模量 E_s/GPa	8.139
煤的泊松比 ν	0.339
煤的密度 ρ_c/(kg·m^{-3})	1 250
CH_4 的密度 ρ_g/(kg·m^{-3})	0.717
动态黏滞系数 μ/(Pa·s)	1.84×10^{-5}
朗缪尔应变常数 ε_L	0.022 95
初始温度 T_0/K	300

续表 5-2

初始基质孔隙率 φ_{m0}	0.008 4
初始基质渗透率 k_m/m^2	1.0×10^{-17}
初始裂隙渗透率 k_{f0}/m^2	1×10^{-16}
煤的比热容 $c_s/[J\cdot(kg\cdot K)^{-1}]$	1 260
气体比热容 $c_g/[J\cdot(kg\cdot K)^{-1}]$	2 227
热膨胀系数 α_s/K^{-1}	0.1×10^{-6}
热传导系数 $k_t/[(W\cdot(m\cdot K)^{-1}]$	10
大气压力 p_a/Pa	0.1×10^6
裂隙间距 s/m	1.0×10^{-4}
裂隙开度 b/m	1.0×10^{-6}
弹性模量衰减率 R_m	0.5

5.2　注热作用对气体压力分布的影响

在分析温度变化对孔隙压力分布的影响时，由于所建模型比较大，因此单纯考虑某一点不足以找出煤层中孔隙压力分布规律；为了更明确地表示温度对孔隙压力分布的影响，取沿高度方向的中心面上的一条斜直线 MN 来进行研究，具体位置如图 5-3 所示。

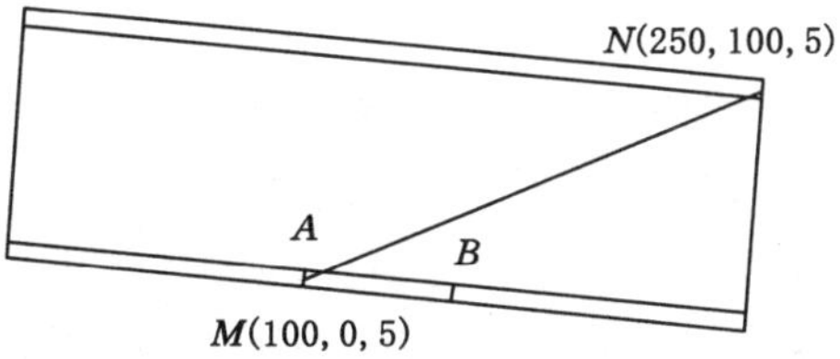

图 5-3　斜线 MN 的位置

图 5-4、图 5-5 是孔隙压力沿 MN 的演化曲线。

由图 5-4 可知：随着时间的推移，煤层孔隙压力不断下降。再单独看其中任一条曲线，以生产 100 d 为例：0～20 m 范围孔隙压力增加了 3.812 MPa，20～40 m 范围内增加了 0.907 MPa，40～60 m 范围内增加了 0.310 MPa。由此可知：沿 MN 方向的孔隙压力增加，但增加趋势渐缓，即孔隙压力梯度沿 MN 方向

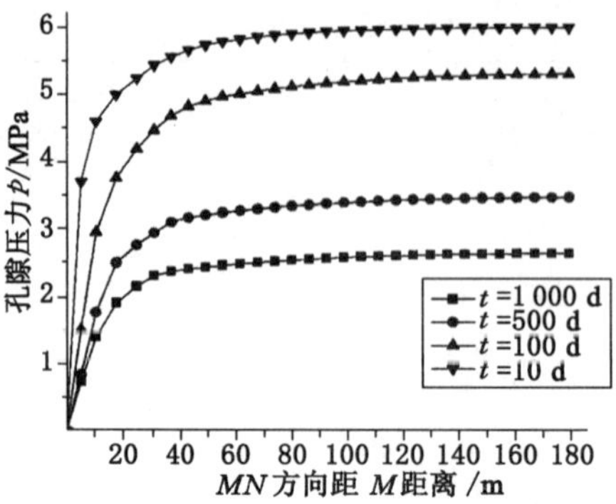

图 5-4　孔隙压力沿 MN 方向变化曲线（T=375 K）

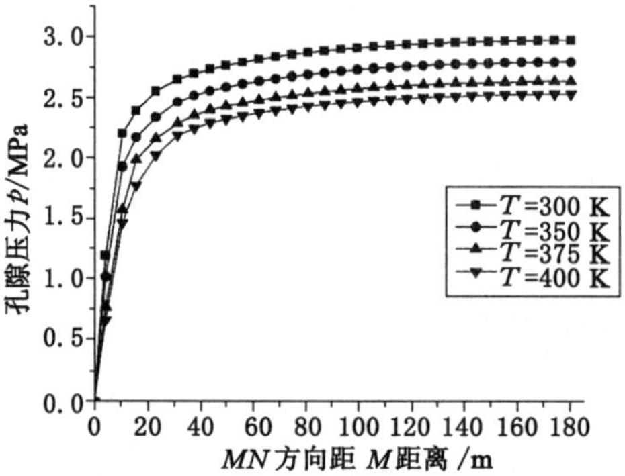

图 5-5　孔隙压力沿 MN 方向变化曲线（t=1 000 d）

越来越小。

由图 5-5 可知：煤层初始孔隙压力为 6 MPa，生产 1 000 d，注热温度为 300、350、375、400 K 时煤层中孔隙压力最大值分别为 2.977、2.798、2.641、2.535 MPa，相对于初始压力分别减小了 50.38%、53.37%、55.98%、57.75%。以上数据充分说明：注热温度越高，孔隙压力下降的幅度越大。这是因为温度越高，煤层气越容易发生解吸作用，解吸游离气体在压力梯度作用下向生产井运移，使得煤层孔隙压力减小。

图 5-6～图 5-9 是不同注热温度、生产不同时间孔隙压力分布云图。

由图 5-6～图 5-9 可知：在煤层气开采过程中，越靠近生产井，等压面分布越密集，离生产井越近孔隙压力受采动影响越大，离生产井越远气体受采动影响越小；并且随着时间的推移，采动影响逐渐由生产井向四周扩散，影响范围不断增大。从云图中也可以看出温度越高，孔隙压力越小。

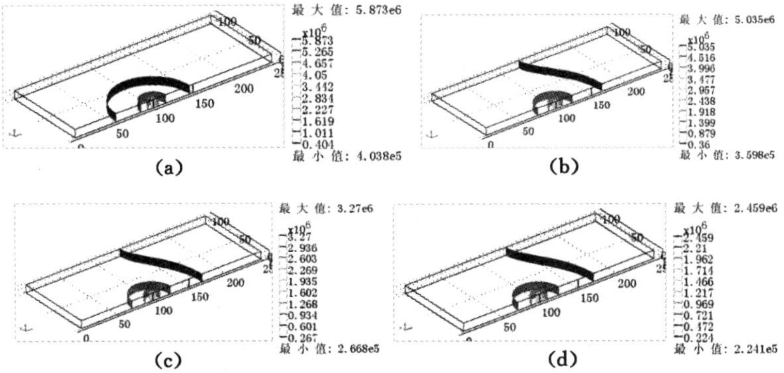

图 5-6　煤层中孔隙压力分布云图（T=300 K）

(a) 10 d;(b) 100 d;(c) 500 d;(d) 1 000 d

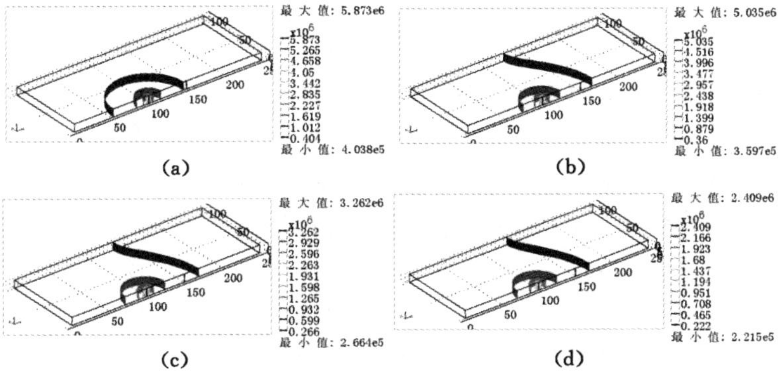

图 5-7　煤层中孔隙压力分布云图（T=350 K）

(a) 10 d;(b) 100 d;(c) 500 d;(d) 1 000 d

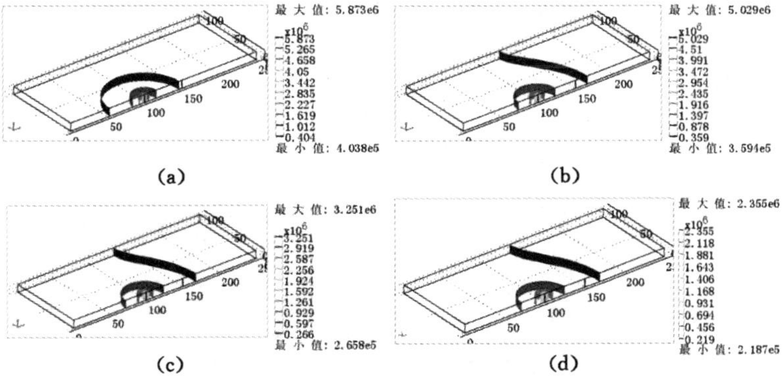

图 5-8　煤层中孔隙压力分布云图（T=375 K）

(a) 10 d;(b) 100 d;(c) 500 d;(d) 1 000 d

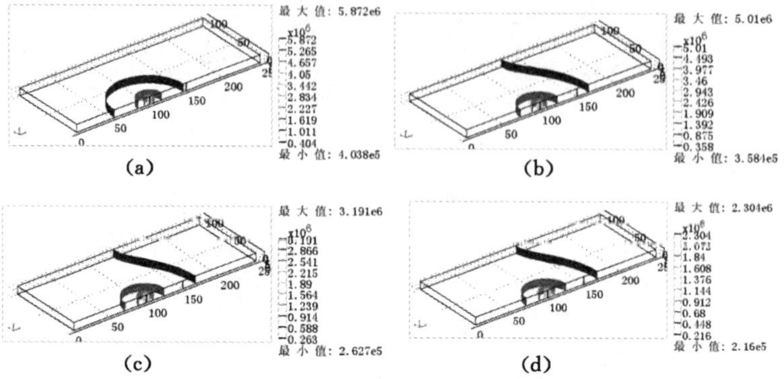

图 5-9　煤层中孔隙压力分布云图（T=400 K）

(a) 10 d;(b) 100 d;(c) 500 d;(d) 1 000 d

5.3　注热作用对煤层渗透率的影响

渗透率是影响煤层气在煤层中的吸附量、解吸渗流量、运移量、抽放难易程度及煤与瓦斯突出强度的重要参数。目前，国内外众多学者对煤层气的渗透率进行了大量的研究。研究表明，温度对煤层气渗透率的变化有着重要的影响。

图 5-10、图 5-11 分别是不同注热温度煤层中点(150,2,5)渗透率演化曲线和渗透率随孔隙压力变化曲线。

从图 5-10 中可以看出：当注热温度恒定时，随着时间的推移，煤层渗透率增加。生产相同时间内，注热温度越高，煤层渗透率越大，高温时煤样渗透率增加

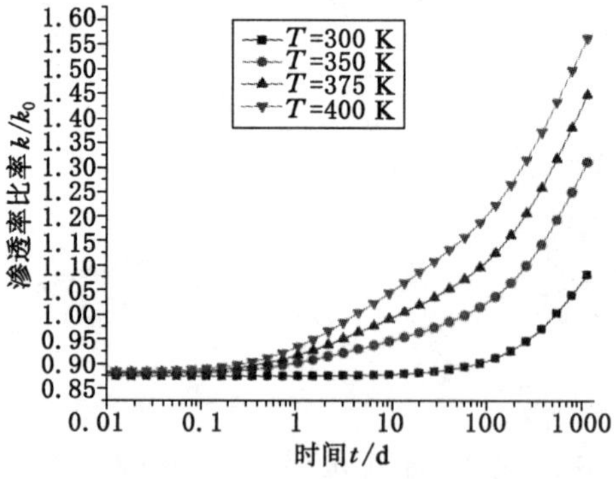

图 5-10　点(150，2，5)处渗透率随时间变化曲线

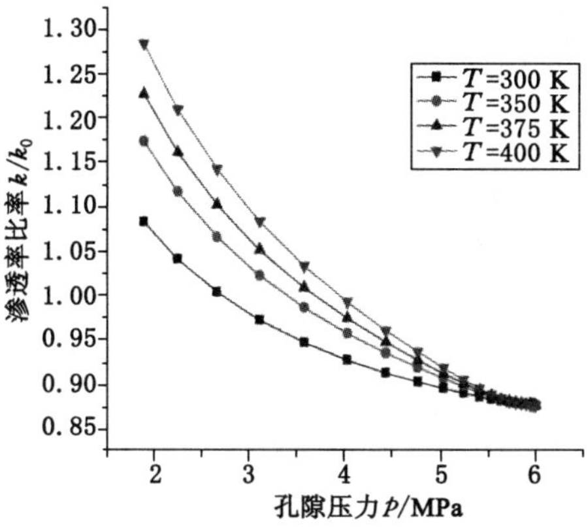

图 5-11　点(150，2，5)处渗透率比率随孔隙压力变化曲线

幅度比低温时大。这是由于对于双重孔隙介质，煤层渗透率是由裂隙渗透率和孔隙渗透率组成。在煤层气生产过程中，煤基质的体积应变、吸附变形和热膨胀作用引起的变形都能会影响基质孔隙率和裂隙的开度，只是影响程度不同。在注热开采过程中，煤层气分子吸收热量后，分子内能增加，热运动活性增强，更容易从煤基质表面脱附解吸出来，相应煤层的吸附应变越小，造成煤层中的孔隙率和裂隙开度增大，也有助于煤层渗透率的增加。与此同时，温度升高后，煤层孔隙裂隙受热膨胀，发生变形，气体渗流通道被挤压闭合，对渗透率起减小作用，但在此热膨胀引起的渗透率减小并非主要影响因素，所以渗透率的减小在曲线中并未体现出来。总而言之，温度对渗透率作用影响体现在：一方面，温度促使煤骨架膨胀，减小裂隙开度，对于渗透具有抑制作用；另一方面，温度能够促使煤层气解吸，减小吸附膨胀，增大孔隙率，提高渗透率。哪一方面起主导作用则取决于模型及地质因素。

由图 5-11 可知：煤层渗透率随孔隙压力增加而减小，随温度升高而增加。这是由于孔隙压力越大，吸附气体量越大，相应吸附变形也就越大，吸附膨胀会减小基质孔隙率和裂隙开度，使渗透率降低。

5.4　注热作用对煤层气产量的影响

在注热的过程中，煤层温度升高，煤层气体积膨胀；同时，温度场的变化决定了煤层气的吸附与解吸，影响煤层气的渗透率和产量。本节分析不同注热温度对煤层气开采效果的影响。数值模拟结果如图 5-12、图 5-13 所示。

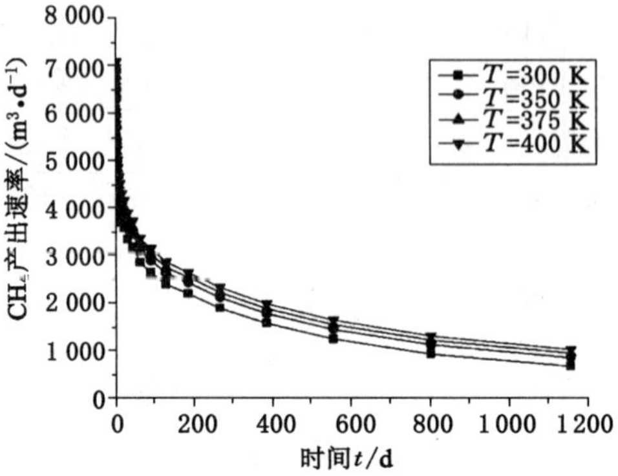

图 5-12　CH_4产出速率

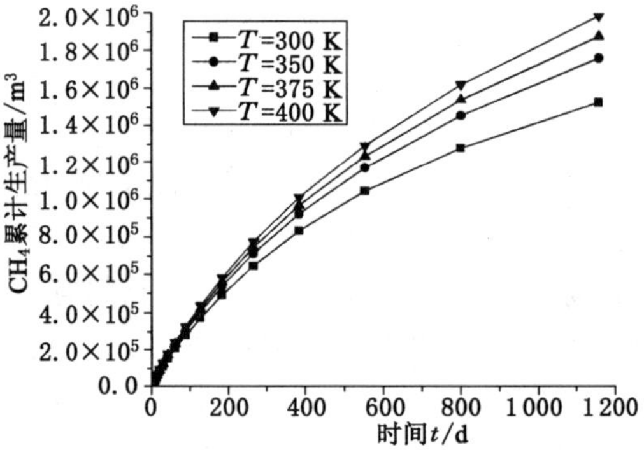

图 5-13　CH_4累计产量

图 5-12 是CH_4产出速率曲线，从图可以看出：随着煤层气的不断开采，煤层CH_4产出速率呈下降趋势，并且逐渐趋于平缓。以注热温度 350 K 为例，从表 5-3的数据中可以得出：500 d 时CH_4产出速率为 1 562.569 m^3/d，比 1 d 的产出速率 5 203.677 m^3/d 下降了 69.97%；1 000 d 的CH_4产出速率为 978.497 m^3/d，比 500 d 时下降了 37.39%。同样间隔 500 d，产气速率日渐下降，且下降幅度逐渐趋缓。注热温度越高，煤层气的产气速率越大。注热温度为 300 K 时，生产 1 000 d 的CH_4产出速率为 793.258 m^3/d；注热温度为 400 K 时，CH_4产出速率为 1 161.254 m^3/d，比注热温度 300 K 增加了 46%。

表 5-3　CH_4 产量

时间 t/d	CH_4产出速率/($m^3 \cdot d^{-1}$)				CH_4累计产量/ m^3			
	T=300 K	T=350 K	T=375 K	T=400 K	T=300 K	T=350 K	T=375 K	T=400 K
1	4 742.168	5 203.677	5 424.038	4 742.168	5 203.677	5 424.038	5 636.837	5 636.837
100	2 548.132	2 825.813	2 949.887	3 070.356	304 825.752	332 158.458	246 548.126	359 045.159
500	1 355.658	1 562.569	1 659.485	1 784.635	982 415.423	109 478.256	115 048.512	120 568.794
1 000	793.258	978.497	1 073.580	1 161.254	1 418 452.450	1 627 859.486	1 726 587.156	1 823 456.129

图 5-13 是煤层气的累计产量，当注热温度越高时，煤层气产量也越大。生产 1 000 d CH_4总产量相对于 T=300 K 增加了 28.55%，可见温度的升高对煤层气产量的增加有显著影响。这是由于：煤层气的解吸作用是吸热过程，煤层的温度升高，可以促进解吸过程的进行，致使煤层中游离气体浓度升高并从煤层的孔隙和裂隙中渗流；同时，温度越高，煤层吸附应变越小，造成煤层中的孔隙度和裂隙开度增大，也可提高煤层气的开采效果。综合以上因素可以得出结论：通过在煤层中进行注热提高煤层温度，可以有效提高煤层气的产量。

5.5　本章小结

本章建立三维数值模型，将前面建立的双重孔隙介质热-流-固耦合数学模型应用于煤层中注热开采煤层气工程中，研究注热开采煤层气的热-流-固多场耦合作用机理，分析注热作用对开采效果、孔隙压力分布和渗透率的影响，得到以下结论：

(1) 在生产过程中，生产井附近的气体受采动卸压影响较大，以发散的方式向四周传播。孔隙压力从生产井向四周逐渐减小，压力梯度也逐渐减小。在相同的生产时间，注热温度越高，煤层中残余气体压力越小。

(2) 注热温度越高，煤层的吸附变形越小，促使煤层孔隙度和裂隙开度增大，可以提高煤层渗透率。虽然提高温度也可使煤基质膨胀，抑制渗透率的增加，但热膨胀影响较小，所以整体的渗透率随温度的增加呈上升趋势。

(3) 随着煤层气抽采进行，产出速率明显下降，下降趋势渐趋平缓。升高煤层温度，可以促进解吸过程的进行，从而提高煤层气开采效率提高煤层气产量。

第 6 章　CO_2-ECBM 的热-流-固耦合数学模型

CO_2-ECBM(CO_2 Enhanced Coal Bed Methane)是指将 CO_2 注入深部不可采煤层用以驱替煤层气以提高煤层气产量，是新的煤层气增产方法，也是近几年国际上研究的焦点。目前，这项技术在国内的研究还处于起步阶段，相关的研究成果较少。前面章节建立的热-流-固耦合数学模型主要适用于单一的煤层气开采研究。本章将该模型扩展应用到 CO_2-ECBM 中，建立包含二元气体竞争吸附、流动扩散控制方程、温度传导以及所引起煤的变形的热-流-固耦合数学模型。

6.1　二元气体竞争吸附对渗透率的影响

当 CO_2 注入煤层后，煤层中运移气体是以 CO_2 和 CH_4 为主的二元气体系统，其运移过程受煤层应力和温度共同影响，是多物理场耦合过程。为了深入研究 CO_2 注入煤层中多物理场耦合过程，本节首先在第 3 章一元气体动态渗透率方程基础上，考虑二元气体的竞争吸附效应建立二元气体动态渗透率方程；然后根据含二元气体煤本构关系、动力学弥散方程、达西渗流定律、能量守恒定律建立 CO_2-ECBM 的热-流-固耦合方程；最后以实验数据为依据对上述方程进行数值求解，证实数值模型的合理性和可行性。

6.1.1　二元气体的竞争吸附方程

煤对不同气体的吸附能力是不同的，这是由气体分子和煤之间作用力的不同引起的。当 CO_2 注入煤层中，由于 CH_4 的吸附能力小于 CO_2，吸附力较弱，这就使得 CH_4 更易于从煤中解吸出来，因此对注入 CO_2 气体驱出 CH_4 的过程进行定量分析，需要研究煤对多组分的吸附规律。D. M. Ruthven[126] 和 R. T. Yang[127] 研究表明，煤对多组分气体吸附可用广义朗缪尔方程描述。假设有 N 种组分，广义朗缪尔方程表达如下

$$V_k = \frac{V_{Lk} b_k p_k}{1 + \sum_{k=1}^{N} b_k p_k} \tag{6.1}$$

式中：V_{Lk} 为气体 k 的吸附常数；b_k 为气体 k 的朗缪尔吸附常数；p_k 气体 k 的分压。

孔隙中的游离气体为理想气体，满足

$$pV = n \cdot RT \tag{6.2}$$

则气体的摩尔浓度为

$$C = \frac{n}{V} = \frac{p}{RT} \tag{6.3}$$

式中：R 为普适气体常数；T 为气体的温度。

对于多组分气体，根据道尔顿分压定律有气体总压力

$$p = \sum_{k=1}^{N} p_k \tag{6.4}$$

式中：p_k 为组分 k 单独存在时气体压力。

$$p_k = C_k RT \tag{6.5}$$

将式(6.5)代入式(6.4)得多组分气体系统中的气体总压力

$$p = \sum_{k=1}^{N} C_k RT \tag{6.6}$$

相应的多组分气体的质量密度为

$$\rho_g = \sum_{k=1}^{N} C_k M_k \tag{6.7}$$

式中：M_k 为气体 k 的摩尔质量。

将式(6.6)代入式(6.1)得组分 k 的吸附体积

$$V_k = \frac{V_{Lk} C_k b_k RT}{1 + \sum_{k=1}^{N} C_k b_k RT} \tag{6.8}$$

对于CO_2-ECBM 过程煤层存在 CO_2 和CH_4 两种气体，煤层中吸附的气体的总量为

$$V = \sum_{k=1}^{2} V_k = \frac{V_{L1} C_1 b_1 RT + V_{L2} C_2 b_2 RT}{1 + C_1 b_1 RT + C_2 b_2 RT} \tag{6.9}$$

式中：b_1 为CH_4 的朗缪尔吸附常数；V_{L1} 为CH_4 的朗缪尔体积常数；b_2 为 CO_2 的朗缪尔吸附常数；V_{L2} 表示 CO_2 的朗缪尔体积常数。

气体在煤中的吸附和解吸将会引起煤的膨胀和收缩，为各组分吸附解吸引起的体积应变之和，则总体积应变为

$$\varepsilon_s = \sum_{k=1}^{N} \varepsilon_{sk} = \sum_{k=1}^{N} \varepsilon_{Lk} \frac{b_k C_k RT}{1 + \sum_{k=1}^{N} b_k C_k RT} \tag{6.10}$$

实验结果[128,129]表明，该方程能够较好描述煤吸附混合气体所产生体积应变。相应的，由CH_4、CO_2组成的二元气体吸附解吸所引起的总体积应变为

$$\varepsilon_s = \sum_{k=1}^{2} \varepsilon_{sk} = \frac{\varepsilon_{L1} C_1 b_1 RT + \varepsilon_{L2} C_2 b_2 RT}{1 + C_1 b_1 RT + C_2 b_2 RT} \tag{6.11}$$

6.1.2 二元气体动态渗透率模型

将二元气体吸附解吸引起的体积应变的公式(6.11)代入式(3.29)、(3.30)替换原来的一元气体吸附的体积应变，即得到孔隙系统中二元气体竞争吸附时的孔隙率和渗透率模型

$$\begin{aligned} \phi_m &= \frac{1}{1+M}[(1+M_0)\phi_{m0} + \alpha(M - M_0)] \\ \phi_f &= \phi_{f0} + (1 - R_m)(\Delta\varepsilon_v - \Delta\varepsilon_s - \alpha_s \Delta T) \end{aligned} \tag{6.12}$$

此处，

$$M = \varepsilon_v + \frac{\sum_{j=1}^{2} C_j RT}{K_s} - \sum_{k=1}^{2} \varepsilon_{Lk} \frac{C_k b_k RT}{1 + \sum_{j=1}^{2} C_j b_j RT} - \alpha_s T,$$

$$M_0 = \varepsilon_{v0} + \frac{\sum_{j=1}^{2} C_{j0} RT_0}{K_s} - \sum_{k=1}^{2} \varepsilon_{Lk} \frac{C_{k0} b_k RT_0}{1 + \sum_{j=1}^{2} C_{j0} b_j RT_0} - \alpha_s T_0$$

总渗透率可写为

$$\begin{aligned} \frac{k}{k_0} = &\frac{k_{m0}}{k_{m0} + k_{f0}} \left\{ \frac{1}{1+M}[(1+M_0) + \alpha(M - M_0)/\phi_{m0}] \right\}^3 + \\ &\frac{k_{f0}}{k_{m0} + k_{f0}} \left[1 + \frac{1 - R_m}{\phi_{f0}} (\Delta\varepsilon_v - \Delta\varepsilon_s - \alpha_s \Delta T) \right]^3 \end{aligned} \tag{6.13}$$

将式(6.12)对时间 t 求导得

$$\begin{aligned} \frac{\partial \phi_m}{\partial t} &= \frac{\alpha - \phi_m}{1+M} \left[\frac{\partial \varepsilon_v}{\partial t} - \frac{\partial \varepsilon_s}{\partial t} + \frac{RT}{K_s} \left(\frac{\partial C_1}{\partial t} + \frac{\partial C_2}{\partial t} \right) - \alpha_s \frac{\partial T}{\partial t} \right] \\ \frac{\partial \phi_f}{\partial t} &= (1 - R_m) \left(\frac{\partial \varepsilon_v}{\partial t} - \frac{\partial \varepsilon_s}{\partial t} - \alpha_s \frac{\partial T}{\partial t} \right) \end{aligned} \tag{6.14}$$

将式(6.11)对时间 t 求导得

$$\frac{\partial \varepsilon_s}{\partial t} = AA \frac{\partial C_1}{\partial t} + BB \frac{\partial C_2}{\partial t} \tag{6.15}$$

其中：

$$AA = \frac{\varepsilon_{L1} b_1 RT(1 + b_2 RTC_2)}{(1 + C_1 b_1 RT + C_2 b_2 RT)^2} - \frac{\varepsilon_{L2} b_1 b_2 R^2 T^2 C_2}{(1 + C_1 b_1 RT + C_2 b_2 RT)^2} \tag{6.16}$$

$$BB = \frac{\varepsilon_{L2} b_2 RT(1 + b_1 RTC_1)}{(1 + C_1 b_1 RT + C_2 b_2 RT)^2} - \frac{\varepsilon_{L1} b_1 b_2 R^2 T^2 C_1}{(1 + C_1 b_1 RT + C_2 b_2 RT)^2} \tag{6.17}$$

6.2　CO_2-ECBM 热-流-固耦合数学模型

6.2.1　含温度效应的变形控制方程

二元气体作用下煤层变形规律与一元气体作用下煤层的变形相似；区别之处在于此处气体压力为两种气体压力之和，相应的吸附应变也是两种气体吸附应变之和，则含温度效应的煤的本构方程为

$$\varepsilon_{ij} = \frac{1}{2G}\sigma_{ij} - \left(\frac{1}{6G} - \frac{1}{9K}\right)\sigma_{kk}\delta_{ij} - \frac{\alpha}{3K}(p_1 + p_2)\delta_{ij} + \frac{\varepsilon_{s1} + \varepsilon_{s2}}{3}\delta_{ij} + \frac{\alpha_s \Delta T}{3}\delta_{ij} \tag{6.18}$$

将式(6.3)代入煤的本构方程(6.18)中，得到在二元气体竞争吸附作用下的本构方程

$$\varepsilon_{ij} = \frac{1}{2G}\sigma_{ij} - \left(\frac{1}{6G} - \frac{1}{9K}\right)\sigma_{kk}\delta_{ij} - \frac{\alpha \cdot RT}{3K}(C_1 + C_2)\delta_{ij} + \frac{\varepsilon_{s1} + \varepsilon_{s2}}{3}\delta_{ij} + \frac{\alpha_s}{3}\Delta T\delta_{ij} \tag{6.19}$$

将方程(6.19)与第 2 章中的煤的平衡方程(2.5)、几何方程(2.6)相结合，得到二元气体竞争吸附作用下煤层变形的控制方程

$$\begin{aligned} &Gu_{i,kk} + \frac{G}{1 - 2\nu}u_{k,ki} - (\alpha \cdot RT + K \cdot AA)C_{1,i} - \\ &(\alpha \cdot RT + K \cdot BB)C_{2,i} - \alpha_s T_{,i} + f_{,i} = 0 \end{aligned} \tag{6.20}$$

方程(6.20)前两项表示在压力、温度及体力的影响下煤层的弹性变形，第三和第四项分别表示孔隙 CO_2 和 CH_4 各自的分压和吸附作用引起的煤体力的变化，第五项为热应变所导致的体力变化。

6.2.2　二元气体流动控制方程

CO_2 注入含 CH_4 的煤层并在渗流场影响下逐渐传播并不断占有流动区域中越来越大的部分，这种传播现象可视为 CO_2 的动力弥散。

流体通过多孔介质的动力弥散符合[130]

$$J = -D\,\nabla C \tag{6.21}$$

式(6.21)称为流体的动力弥散定律。式中：J 为多孔介质中流体的动力弥散通

量;D 为动力弥散系数。

根据质量守恒原理,应用多孔介质内流体的动力弥散定律以及流体的连续性方程可推导出多孔介质中对流弥散方程[93]

$$\frac{\partial m_k}{\partial t}+\nabla\cdot(v\cdot\rho_{gk})+\nabla\cdot(-D_k\cdot\nabla\varphi C_k)=Q_{sk} \tag{6.22}$$

式中:m_k 为单位体积的煤中气体 k 的质量,包含了游离态气体质量和吸附态气体质量;C_k 为气体 k 的浓度;Q_{sk} 为气体的源或汇;v 为对流速度,写作[93]

$$v=-\frac{kRT}{\mu}\nabla C_2 \tag{6.23}$$

各气体组分在单位体积的煤中的质量可以定义为

$$m_k=(\phi_m+\phi_f)\cdot C_kM_k+M_k\rho_c\rho_{sg}\frac{V_{Lk}b_kRTC_k}{1+C_1b_1RT+C_2b_2RT} \tag{6.24}$$

式中:ρ_{gk} 为气体 k 的密度;ρ_c 为煤的密度;M_k 为气体 k 的摩尔质量。

对于气体 1

$$\begin{aligned}\frac{\partial m_1}{\partial t}&=M_1\left[C_1\frac{\partial\phi_m}{\partial t}+C_1\frac{\partial\phi_f}{\partial t}+(\phi_m+\phi_f)\frac{\partial C_1}{\partial t}\right]+\\&\rho_c\rho_{sg}M_1\cdot CC\cdot\frac{\partial C_1}{\partial t}+\rho_c\rho_{sg}M_1\cdot DD\cdot\frac{\partial C_2}{\partial t}\end{aligned} \tag{6.25}$$

对于气体 2

$$\begin{aligned}\frac{\partial m_2}{\partial t}&=M_2\left[C_2\frac{\partial\phi_m}{\partial t}+C_2\frac{\partial\phi_f}{\partial t}+(\phi_m+\phi_f)\frac{\partial C_2}{\partial t}\right]+\\&\rho_c\rho_{sg}M_2\cdot C'C'\cdot\frac{\partial C_2}{\partial t}+\rho_c\rho_{sg}M_2\cdot D'D'\cdot\frac{\partial C_1}{\partial t}\end{aligned} \tag{6.26}$$

其中:$CC=\dfrac{V_{L1}b_1RT(1+b_2C_2RT)}{(1+C_1b_1RT+C_2b_2RT)^2}$, $DD=\dfrac{V_{L1}b_1b_2C_1R^2T^2}{(1+C_1b_1RT+C_2b_2RT)^2}$,

$$C'C'=\frac{V_{L2}b_2RT(1+b_1RTC_1)}{(1+C_1b_1RT+C_2b_2RT)^2},\quad D'D'=\frac{V_{L2}b_1b_2C_2R^2T^2}{(1+C_1b_1RT+C_2b_2RT)^2}$$

对于 1 气体,将双重孔隙系统中的气体质量公式(6.24)代入 1 气体的对流弥散方程(6.22)得

$$\begin{aligned}&\left[C_1\frac{\partial(\phi_m+\phi_f)}{\partial t}+(\phi_m+\phi_f)\frac{\partial C_1}{\partial t}\right]+\rho_cCC\frac{\partial C_1}{\partial t}+\rho_c\rho_{sg}\cdot DD\cdot\frac{\partial C_2}{\partial t}+\\&\nabla\cdot\left[-\frac{kRT}{\mu}C_1\cdot\nabla C_2\right]+\nabla\cdot[-D_1(\phi_m+\phi_f)\cdot\nabla C_1]=\frac{Q_{s1}}{M_1}\end{aligned} \tag{6.27}$$

对于 2 气体,将双重孔隙系统中的气体质量公式(6.26)代入 2 气体的对流弥散方程(6.22)中得

$$\left[C_2\frac{\partial(\phi_m+\phi_f)}{\partial t}+(\phi_m+\phi_f)\frac{\partial C_2}{\partial t}\right]+\rho_c C'C'\frac{\partial C_2}{\partial t}+\rho_c\rho_{sg}\cdot D'D'\cdot\frac{\partial C_1}{\partial t}+$$
$$\nabla\cdot\left[-\frac{kRT}{\mu}C_2\cdot\nabla C_2\right]+\nabla\cdot\left[-D_2(\phi_m+\phi_f)\cdot\nabla C_2\right]=\frac{Q_{s2}}{M_2} \tag{6.28}$$

将式(6.14)、(6.15)代入式(6.27)可得

$$C_1\left[\frac{\alpha-\phi_m}{1+M}+(1-R_m)\right]\frac{\partial\varepsilon_v}{\partial t}-\alpha_s C_1\left[\frac{\alpha-\phi_m}{1+M}+(1-R_m)\right]\frac{\partial T}{\partial t}+$$
$$\left[\phi_m+\phi_f+C_1\frac{\alpha-\phi_m}{1+M}\left(\frac{RT}{K_s}-AA\right)-AA\cdot C_1\cdot(1-R_m)+\rho_c\frac{p_{at}}{RT}CC\right]\frac{\partial C_1}{\partial t}+$$
$$\left[C_1\frac{\alpha-\phi_m}{1+M}\left(\frac{RT}{K_s}-BB\right)-BB\cdot C_1\cdot(1-R_m)+\rho_c\frac{p_{at}}{RT}DD\right]\frac{\partial C_2}{\partial t}+$$
$$\nabla\cdot\left[-\frac{kRT}{\mu}C_1\cdot\nabla C_2\right]+\nabla\cdot\left[-D_1(\phi_m+\phi_f)\cdot\nabla C_1\right]=\frac{Q_{s1}}{M_1} \tag{6.29}$$

式(6.29)为CO_2-ECBM 中 CH_4的气体流动控制方程。

将式(6.14)、(6.15)代入式(6.28)可得

$$C_2\left[\frac{\alpha-\phi_m}{1+M}+(1-R_m)\right]\frac{\partial\varepsilon_v}{\partial t}-\alpha_s C_2\left[\frac{\alpha-\phi_m}{1+M}+(1-R_m)\right]\frac{\partial T}{\partial t}+$$
$$\left[\phi_m+\phi_f+C_2\frac{\alpha-\phi_m}{1+M}\left(\frac{RT}{K_s}-BB\right)-BB\cdot C_2\cdot(1-R_m)+\rho_c\frac{p_{at}}{RT}\cdot C'C'\right]\frac{\partial C_2}{\partial t}+$$
$$\left[C_2\frac{\alpha-\phi_m}{1+M}\left(\frac{RT}{K_s}-AA\right)-AA\cdot C_2\cdot(1-R_m)-\rho_c\frac{p_{at}}{RT}\cdot D'D'\right]\frac{\partial C_1}{\partial t}+$$
$$\nabla\cdot\left[-\frac{kRT}{\mu}C_2\cdot\nabla C_2\right]+\nabla\cdot\left[-D_2(\phi_m+\phi_f)\cdot\nabla C_2\right]=\frac{Q_{s2}}{M_2} \tag{6.30}$$

式(6.30)为CO_2-ECBM 中 CO_2的气体流动控制方程。

式(6.29)中:左边第一项(与$\partial\varepsilon_v/\partial t$ 相关)是单位体积煤中由于基质和裂隙骨架变形而释放(或存储)CH_4 的摩尔数;左边第二项(与$\partial T/\partial t$ 相关)是单位体积煤中由于温度变化产生热膨胀(收缩)而促使基质和裂隙释放(或存储) CH_4 的摩尔数;左边第三项(与$\partial C_1/\partial t$ 相关)是单位体积煤中CH_4 的存储项,表示浓度变化导致单位体积的煤中CH_4 气体释放(或存储)的摩尔数,其中包括五部分:孔隙中处于游离状态的CH_4 气体的摩尔数,裂隙中处于游离状态的CH_4 气体的摩尔数,煤基质孔隙气体孔隙压力改变所引起的有效应力的变化和吸附(解吸)引起的膨胀(收缩)作用后而在基质中产生额外空间所释放(或存储)的CH_4 摩尔数,煤基质孔隙气体孔隙压力改变所引起的有效应力的变化和吸附(解吸)

引起的膨胀(收缩)作用导致裂隙空间所释放(或存储)的CH_4摩尔数,处于吸附状态的CH_4气体的摩尔数;左边第四项(与$\partial C_2/\partial t$相关)是单位体积的煤中CO_2气体的注入而驱替CH_4的摩尔数,其中包括3项:由CO_2-CH_4逆向动力弥散引起的基质膨胀(收缩)和孔隙压力产生驱替孔隙中CH_4的摩尔数,由CO_2-CH_4逆向动力弥散驱替裂隙中CH_4的摩尔数,CO_2、CH_4竞争吸附所释放(或存储)CH_4的摩尔数;左边第五项是由于CH_4气体渗流导致煤中CH_4摩尔数变化;左边第六项是由于CH_4气体分子动力弥散作用引起CH_4摩尔数变化。式(6.30)中各项的意义与式(6.29)类似,区别之处在于所针对的气体不同。

6.2.3 温度场控制方程

根据式(3.38),考虑到注气驱替中有两种气体参与,则温度场控制方程可变为

$$\frac{\partial[\rho_s c_s \Delta T + (\phi_m + \phi_f)\cdot(\rho_{g1} c_{g1} + \rho_{g2} c_{g2})\Delta T]}{\partial t} + T\alpha_s K \frac{\partial \varepsilon_v}{\partial t} + \nabla\cdot(\rho_{g1} h_{g1} q_{g1} + \rho_{g2} h_{g2} q_{g2}) + \nabla\cdot(k_t \nabla T) = Q_T \tag{6.31}$$

将方程(6.31)左边第一项展开,并将各项整理得

$$(\rho_s c_s + (\phi_m + \phi_f)\cdot(\rho_{g1} c_{g1} + \rho_{g2} c_{g2}))\frac{\partial T}{\partial t} + \Delta T(\rho_{g1} c_{g1} + \rho_{g2} c_{g2})\frac{\partial(\phi_m + \phi_f)}{\partial t} + T\alpha_s K \frac{\partial \varepsilon_v}{\partial t} + \Delta T(\rho_{g1} c_{p1} \nabla\cdot q_{g1} + \rho_{g2} c_{p2} \nabla\cdot q_{g2}) + \nabla\cdot(k_t \nabla T) = Q_T \tag{6.32}$$

将式(6.14)代入式(6.32)得

$$\Big[\rho_s c_s + (\phi_m + \phi_f)\cdot(\rho_{g1} c_{g1} + \rho_{g2} c_{g2}) - \frac{(\alpha - \phi_m)(\rho_{g1} c_{g1} + \rho_{g2} c_{g2})\Delta T\alpha_s}{1+M} - \alpha_s \Delta T(\rho_{g1} c_{g1} + \rho_{g2} c_{g2})(1 - R_m)\Big]\frac{\partial T}{\partial t} + \Big[\Delta T(\rho_{g1} c_{g1} + \rho_{g2} c_{g2})\frac{\alpha - \phi_m}{K_s(1+M)} - \Delta T(\rho_{g1} c_{g1} + \rho_{g2} c_{g2})\frac{(1 - R_m)\varepsilon_L p_L}{(p + p_L)^2} - \Delta T(\rho_{g1} c_{g1} + \rho_{g2} c_{g2})\frac{(\alpha - \phi_m)\varepsilon_L p_L}{(p + P_L)^2(1+M)}\Big]\frac{\partial p}{\partial t} + \Big[T\alpha_s K + \Delta T(\rho_{g1} c_{g1} + \rho_{g2} c_{g2})\frac{\alpha - \phi_m}{1+M} + \Delta T(\rho_{g1} c_{g1} + \rho_{g2} c_{g2})(1 - R_m)\Big]\frac{\partial \varepsilon_v}{\partial t} + \Delta T(\rho_{g1} c_{p1} \nabla\cdot q_{g1} + \rho_{g2} c_{p2} \nabla\cdot q_{g2}) + \nabla\cdot(k_t \nabla T) = Q_T \tag{6.33}$$

式(6.33)为温度场控制方程,其中:左边第一项(与$\partial T/\partial t$相关)为含瓦斯煤

内能变化项，包括煤体骨架体积热容，基质和裂隙中游离气体（包括 CO_2、CH_4）的体积热容，由于热膨胀导致基质孔隙变化使游离气体（包括 CO_2、CH_4）体积变化而附加的体积热容，由于热膨胀导致裂隙孔隙变化使游离气体（包括 CO_2、CH_4）体积变化而附加的体积热容；左边第二项（与 $\partial p/\partial t$ 相关）为压力引起有效应力变化使孔隙变化而产生的含瓦斯煤内能变化，包括压力引起有效应力变化使基质孔隙变化而产生的含瓦斯煤内能变化，煤基质由吸附（解吸）引起的膨胀（收缩）对裂隙的气体内能的影响，煤基质由吸附（解吸）引起的膨胀（收缩）对基质孔隙的气体内能的影响；左边第三项（与 $\partial\varepsilon_v/\partial t$ 相关）为煤体变形引起煤内能的变化，包括煤体骨架变形能，基质和裂隙中由于煤变形使孔隙变形而导致煤孔隙中气体内能的增量，裂隙中由于煤体变形使裂隙变形而导致煤裂隙中气体内能的增量；左边第四项为热对流项；第五项为热传导项。

6.2.4　初始条件和边界条件

根据煤层变形控制方程(6.20)，煤层变形场的边界条件主要为位移边界和应力边界，即

$$u_i = \tilde{u}_i(t) \quad \partial\Omega \text{ 上} \tag{6.34}$$

$$\sigma_{ij} n_j = \tilde{F}_i(t) \quad \partial\Omega \text{ 上} \tag{6.35}$$

式中：$\tilde{u}_i$ 和 $\tilde{F}_i$ 分别为求解域 Ω 边界上的位移和应力约束；n_j 是边界法向向量。

煤层变形场的初始条件亦主要为位移初始条件和应力初始条件，即

$$u_i(0) = u_0 \quad \Omega \text{ 里} \tag{6.36}$$

$$\sigma_{ij}(0) = \sigma_0 \quad \Omega \text{ 里} \tag{6.37}$$

式中：σ_0 和 u_0 分别为 Ω 里应力和位移的初始值。

二元气体流动控制方程(6.29)、(6.30)的边界条件定义为

$$C_k = C_k(t) \quad \partial\Omega \text{ 上} \tag{6.38}$$

$$\vec{n} \cdot (-D_k \nabla C_k + v_q C_k) = a_0 \quad \partial\Omega \text{ 上} \tag{6.39}$$

式中：$\widetilde{C_k}(t)$ 为边界上第 k 种气体的浓度；a_0 为边界上第 k 种气体注入速率。

二元气体流动控制方程(6.29)、(6.30)初始条件为

$$C_k = C_{k0} \quad \Omega \text{ 里} \tag{6.40}$$

式中：C_{k0} 为初始时求解域 Ω 内第 k 中气体的浓度。

温度场控制方程(6.33)边界条件为

$$T = \tilde{T}(t) \quad \partial\Omega \text{ 上} \tag{6.41}$$

$$n \cdot \lambda \nabla T = \tilde{Q}_T(t) \quad \partial\Omega \text{ 上} \tag{6.42}$$

式中：$\widetilde{T}(t)$ 和 $\widetilde{Q}_T(t)$分别为边界处温度和热源热流。

温度场初始条件为

$$T = T_0 \quad \Omega \text{里} \tag{6.43}$$

式中：T_0 为初始时求解域 Ω 内的温度。

6.3 CO_2-ECBM 模型的验证

自 1996 年美国在 San Juan 盆地成功进行了 CO_2-ECBM 试验后，探求 CO_2 驱替CH_4 机理和物理规律的研究越来越受到重视。S. Mazumder 等完成了高温高压下 CO_2 和烟道气置换驱替CH_4 实验[131,132]，为进一步认识和理解CO_2-ECBM 过程中煤应力、渗透率、孔隙率的变化规律做出了重要贡献。近年来我国学者也开始进行相关实验研究。李向东等[133]利用等温吸附仪对晋城无烟煤颗粒(0.3 mm)分别进行了 40 ℃不同压力下吸附-解吸及注入 CO_2 置换CH_4 的试验。唐书恒等[134]对山西沁水盆地的无烟煤与贫煤试样在等温吸附解吸仪上进行了吸附解吸及注 CO_2 驱替CH_4 试验。太原理工大学梁卫国等[135]通过对大煤样试件进行注 CO_2 驱替煤层CH_4 试验，模拟在煤层中储存 CO_2 以及驱替开采煤层气的过程。研究发现：CH_4 在煤体渗透率与体积应力呈负指数相关规律；随体积应力及驱替压力的不同，单位体积煤体可储存 CO_2 体积不同，CO_2/CH_4 置换体积比可达 7.03～13.91；驱替压力、驱替速度、注入倍数、煤层CH_4 含量、储层结构及其渗透性等因素共同决定着 CO_2/CH_4 驱替置换效果。大量实验室研究成果对 CO_2煤层处置及驱替置换开采煤层气实践具有重要理论意义与指导价值。

本节将上一节建立的 CO_2驱替CH_4 多物理场耦合控制方程导入 COMSOL 中进行注 CO_2 驱替CH_4 的模拟研究，为了与实验条件一致，模拟中未考虑温度场影响，即模拟流固耦合作用下 CO_2 驱替CH_4 物理过程，并将模拟结果与 S. Mazumder等学者在 Silezia 煤矿煤芯样品的 CO_2驱替CH_4 实验[136]相比较，以证明数学模型的正确性。

6.3.1 模型构建与模拟参数

根据 Mazumder 实验，利用 Silezia 煤矿煤芯样品实验数据建立二维模拟模型如图 6-1 所示。模型长度为 200.5 mm，宽为 69.5 mm。初始CH_4 压力为 9.08 MPa，围压为 10.67 MPa。左边界和下边界分别为水平位移和垂直位移约束。上边界施加载荷以模拟围压，模型右边界为自由边界，CO_2从模型左侧以 1 mL/h速率注入，其他边界无 CO_2气体流出；对于CH_4 模型，右侧固定压力为标准大气压，其他边界无气体流出。通过实验资料[136]确定模拟参数如表 6-1 所列。

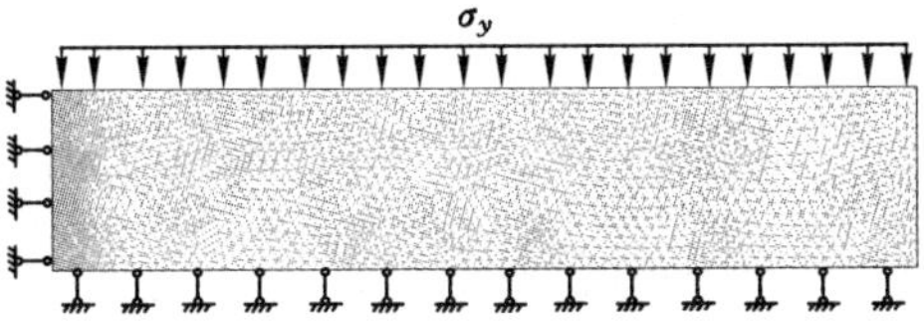

图 6-1　数值求解模型

表 6-1　数值模拟的参数

煤的弹性模量 E/GPa	2.71
煤基质的弹性模量 E_s/GPa	8.13
煤的泊松比 ν	0.34
煤的密度 ρ_c/(kg·m^{-3})	1.25×10^{3}
气体的动力黏度 μ/(Pa·s)	1.84×10^{-5}
CH_4的朗缪尔体积常数 V_{L1}/(m^3·kg^{-1})	0.021
CO_2的朗缪尔体积常数 V_{L2}/(m^3·kg^{-1})	0.036 7
CH_4的朗缪尔体积应变常数 ε_{L1}	0.007
CO_2的朗缪尔体积应变常数 ε_{L2}	0.008
CH_4的朗缪尔压力常数 p_{L1}/MPa	4.80
CO_2的朗缪尔压力常数 p_{L2}/MPa	2.35
基质初始孔隙率 ϕ_{m0}	0.043
初始裂隙率 ϕ_{f0}	0.001
基质初始渗透率 k_{m0}/m^2	3.8×10^{-18}
裂隙初始渗透率 k_{f0}/m^2	1.0×10^{-18}
CH_4的动力弥散系数 D_1/(m^2·s^{-1})	3.6×10^{-12}
CO_2的动力弥散系数 D_2/(m^2·s^{-1})	5.8×10^{-12}

6.3.2　模拟结果与实验结果对比分析

(1) 线应变结果比较

图 6-2 是线应变的数值结果和实验数据的比较。煤样轴向变形均表现为随注入 CO_2时间的增加，产生膨胀变形作用，即 CO_2在煤样上的吸附作用引起煤样的膨胀量比CH_4 的大，带来煤样整体的膨胀变形。从图中可以看出：实验与模

拟结果能很好地吻合，最大的误差出现在初始阶段，但是在 8 d 后数值结果与实验数据之间的平均误差仅为 2%；误差原因在于模拟中未考虑吸附解吸时间，一般来说煤吸附解吸所需时间大约为数天，在模拟中没有将此过程考虑进去，因此导致实验前 8 d 模拟与实验差距较大。8 d 之后，煤样轴向变形随着 CO_2 注入时间的增加发生明显拉伸变形；原因在于 CO_2 在煤样上吸附引起的膨胀应变要比 CH_4 大，竞争吸附促使煤样整体呈膨胀变形状态。

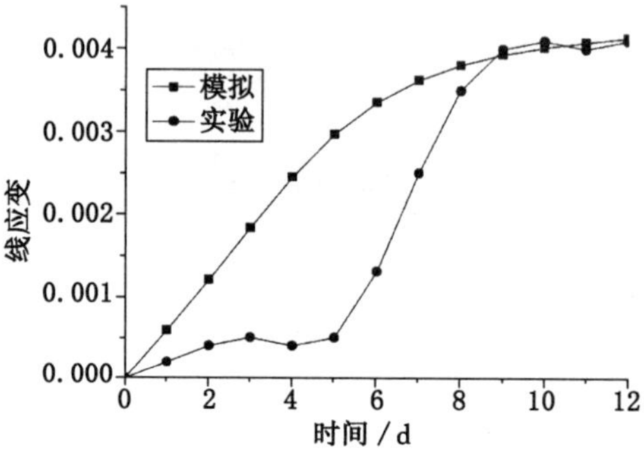

图 6-2　线应变的数值结果和实验数据的比较

(2) CO_2 驱替结果比较

CO_2 置换摩尔分数以及 CH_4 驱替效率计算公式如下：

$$CO_2\ 置换摩尔分数 = \frac{注入\ CO_2\ 摩尔数}{初始\ CH_4\ 摩尔数} \tag{6.44}$$

$$CH_4\ 驱替效率 = \frac{产出\ CH_4\ 摩尔数}{初始\ CH_4\ 摩尔数} \tag{6.45}$$

图 6-3 是 CH_4 驱替效率数值模拟与实验的对比曲线，表 6-2 是 CH_4 驱替效率数值数据和实验数据。从图表中可以看出，模拟结果与实验中得到的数据吻合。随着 CO_2 的注入，大量的 CH_4 从煤层中被驱替出同时将 CO_2 封存于煤层中。注气初始阶段，CH_4 产出率高；随着注气不断进行，由于煤吸附膨胀变形导致煤层渗透率变小，此时 CO_2 可注性降低。从图表中的数据可以得到，注气 3.8×10^5 s 时，CO_2 置换摩尔分数实验值为 0.372，模拟值为 0.378，CH_4 驱替效率实验值为 1.28，模拟值为 1.25；注气 8.8×10^5 s 时，CO_2 置换摩尔分数实验值为 0.698，模拟值为 0.716，CH_4 驱替效率实验值为 2.96，模拟值为 2.94。实验与模拟非常吻合，最大误差为 10%，整体平均误差为 2.0%，证明了所建 CO_2-ECBM 模型的合理性，因此可以运用建立多物理场耦合模型对 CO_2-ECBM 进行模拟研究。考虑到数值计算成本低廉、过程迅捷、以及操作相对简单，基于 CO_2-ECBM 技术建立的多物理场耦合模型对定量描述和分析煤层处置 CO_2 的

演化规律具有重要的应用价值，在实验和现场工程计算中应用时可节省大量费用和时间。

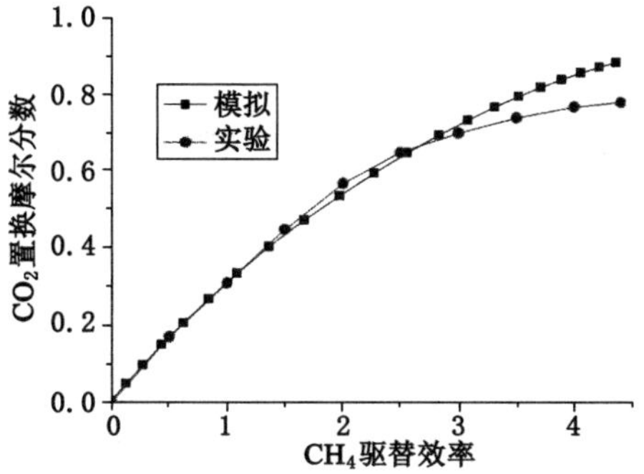

图 6-3　驱替效率的数值结果与实验数据的比较

表 6-2　　驱替效率数值结果与实验数据的比较

CO_2 flooding(Silesia 315 II)	$\omega(CO_2)=1\%$		$\omega(CO_2)=50\%$		$\omega(CO_2)=90\%$	
	实验[136]	模拟	实验[136]	模拟	实验[136]	模拟
生产时间/s	3.8×10^5	3.3×10^5	7.6×10^5	5.5×10^5	8.8×10^5	6.2×10^5
CO_2置换摩尔分数	0.372	0.378	0.405	0.655	0.698	0.716
CH_4 驱替效率	1.28	1.25	2.56	2.58	2.96	2.94

6.4　本章小结

本章建立了 CO_2-ECBM 过程热-流-固耦合数学模型，并利用实验结果对模型求解结果进行了验证，得到如下结论：

(1) 综合考虑了二元气体分压、吸附变形和煤体热膨胀等因素对渗透率变化的影响，建立双重孔隙介质二元气体动态渗透率方程。

(2) 根据 CO_2-ECBM 中二元气体特点以及温度效应，提出针对 CO_2-ECBM 过程的煤层本构方程，联立几何方程、平衡方程获得 CO_2-ECBM 过程煤层变形控制方程。

(3) 根据流体的质量守恒方程、二元气体动力弥散方程建立了双重孔隙介质中二元气体运移控制方程。

(4) 根据能量守恒方程建立二元气体的温度场控制方程。方程包括 5 项，分别为：① 含瓦斯煤内能变化项；② 压力引起有效应力变化使孔隙变化而产生的含瓦斯煤内能变化;③ 煤层变形引起煤层内能的变化;④ 热对流项;⑤ 热传导项。

(5) 利用 COMSOL Multiphysics 对所建立的 CO_2-ECBM 耦合数学模型进行了数值求解,并与实验结果进行了对比。结果发现数值求解结果与实验结果吻合很好,证明了所建 CO_2-ECBM 耦合数学模型的正确性,可以用以模拟CO_2-ECBM 过程。

第 7 章　CO_2-ECBM 耦合数学模型的工程应用

随着全球能源需求的增加以及 CO_2 排放引起的温室效应日趋严重，许多国家都开始进行利用 CO_2 驱替煤层气的工程实践。我国也开始了相关方面的研究和实践。2002 年 3 月，中国与加拿大国际发展部签署了合作开发在煤层中封存 CO_2 以及 CO_2-ECBM 技术的协定，并选择在沁水盆地进行 CO_2 煤层封存以及提高煤层气采出率的先导性试验。该试验历时约 5 a，完成了约 192 t CO_2 的处置工作，注气后煤层气产量增长 1.8～14 倍[86]，为相关的研究提供了很多宝贵的试验数据。本章即以沁水盆地煤层注气试验为背景，利用所建立的 CO_2-ECBM 的热-流-固耦合数学模型对 CO_2 注入煤层中对煤层气产量的增强效果进行模拟研究。

7.1　沁水盆地 CO_2-ECBM 工程背景及数值模型的建立

7.1.1　沁水盆地煤层气田概况

沁水盆地煤层气田位于山西省中南部，是我国含气量大于 10 000 亿 m^3 的煤层气田之一，也是目前我国煤层气商业化开发活动最活跃和最有前景的高煤级煤区。2002 年开始，中国与加拿大合作在沁水盆地南部进行了 CO_2-ECBM 的先导性试验。

沁水盆地的煤层气资源丰富，根据最新的煤层气资源评价结果，沁水盆地煤层气资源总量为 3.97×10^{12} m^3，平均资源丰度超过 1×10^{8} m^3/km^2。其中埋深 1 500 m 以上浅资源为 3.08×10^{12} m^3，通过常规技术可开采煤层气 1.13×10^{12} m^3，采收率达到 36.5%。通过 CO_2-ECBM 技术增产煤层气资源为 1.04×10^{12} m^3，为总资源量的 26.2%。其中：1 500 m 以浅煤层气增产 20.8%，达 0.64×10^{12} m^3，为初次可采资源量的 56.6%；1 500 m 以深煤层气可采资源达 0.4×10^{12} m^3。通过初次排采和 CO_2 注入使沁水盆地可采资源量达 2.17×10^{12} m^3，约为总资源量的 54.7%。此外，沁水盆地中心区具有稳定的构造环境、弱水动力条件及良好的区域性盖层且煤层吸附性强，为 CO_2-ECBM 技术的实施提供了有力保障。

7.1.2 沁水盆地 CO_2-ECBM 数值计算模型和方案

本次实例研究选择我国沁水盆地五井式 CO_2 处置试验工程为研究对象。图 7-1为沁水盆地五井式 CO_2 存储及驱气工程平面布置图。采用单井注气、多井产气的模式。注气井在中间，4 口开采井围绕注气井周围约 300 m 范围内进行煤层气的开采。根据沁水盆地现场工程平面布置图，依据对称性取 1/4 进行数值模拟分析，模拟区域即为图 7-1 中阴影部分，模拟尺寸为 150 m×150 m。

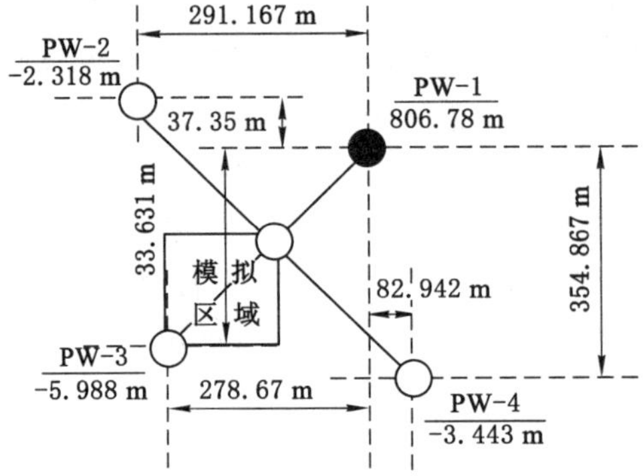

图 7-1 沁水盆地CO_2-ECBM 工程试验井布置[137]

数值计算模型如图 7-2 所示。注气井 IW 位于右上角，生产井 PW-3 位于模

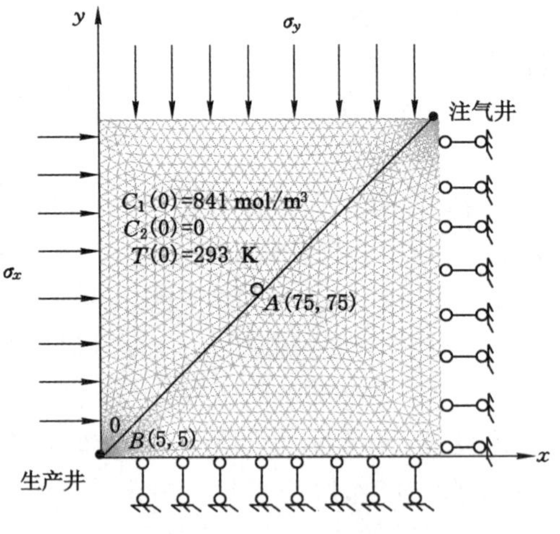

图 7-2 CO_2-ECBM 数值模型

型左下角，孔径皆为 0.1 m。根据现场地质条件设计模型的边界条件和初始条件[138]，数值模型的右边界和下边界是对称位移边界，其他两边为应力边界，且分别受力 2 MPa。对于对流弥散方程，模型四周流量为 0，注气井定压注气，生产井定压开采，压力为 0；对于温度场控制方程，四周为热绝缘，注气井和生产井采用温度边界条件，注气井始终与煤层初始温度相等而生产井温度可调。CH_4 初始浓度为 841 mol/m^3，CO_2 初始浓度为 0，煤层初始温度为 293 K。沁水盆地煤储层模拟参数见表 7-1，其中各项参数来源于文献[138-140]。模拟注气时间为 4 320 d(约 12 a)。

表 7-1　　数值模拟的参数

煤的弹性模量 E/GPa	2.71
煤基质的弹性模量 E_s/GPa	8.13
煤的泊松比 ν	0.34
煤的密度 ρ_c/(kg · m^{-3})	1.25×10^3
气体的动力黏度 μ/(Pa · s)	1.84×10^{-5}
CH_4 的朗缪尔体积常数 V_{L1}/(m^3 · kg^{-1})	0.025 6
CH_4 的朗缪尔压力常数 p_{L1}/MPa	2.07
CO_2 的朗缪尔压力常数 p_{L2}/MPa	1.38
CO_2 的朗缪尔体积常数 V_{L2}/(m^3 · kg^{-1})	0.047 7
CH_4 的朗缪尔体积应变常数 ε_{L1}	0.006
CO_2 的朗缪尔体积应变常数 ε_{L2}	0.023 7
CH_4 的动力弥散系数 D_1/(m^2 · s^{-1})	3.6×10^{-12}
CO_2 的动力弥散系数 D_2/(m^2 · s^{-1})	5.8×10^{-12}
煤的初始基质孔隙率 ϕ_{m0}	0.042 3
煤的初始裂隙率 ϕ_{f0}	0.001
基质初始渗透率 k_{m0}/m^2	$3.799\ 6\times10^{-16}$
裂隙初始渗透率 k_{f0}/m^2	3.0×10^{-16}
热传导系数 k_t/[W · (m · K)$^{-1}$]	0.443
煤的比热容 c_s/[J · (kg · K)$^{-1}$]	1 260
气体比热容 c_g/[J · (kg · K)$^{-1}$]	2 227
热膨胀系数 α_s/K^{-1}	0.1×10^{-6}
弹性模量衰减率 R_m	0.5
地应力 σ_x/MPa	2
地应力 σ_y/MPa	2

本次模拟方案如表 7-2 所列。为对比直接开采和注气开采两种开采方式对于煤层气产量以及相应储层力学的响应，方案 1 中建立两个模型：模型 1 模拟 CBM 方式开采煤层气，研究气体的压力分布和储层的力学响应；模型 2 模拟以 CBM 方式开采煤层气 5 个月后再注气，研究煤层中气体的压力分布和储层的力学响应规律。方案 2 研究生产井温度对 CO_2-ECBM 的影响，讨论生产井温度分别为 293、313、333、353 K 时孔隙压力分布和储层的力学响应，以及对 CH_4 产量、CO_2注入量的影响。方案 3 研究注气压力对 CO_2-ECBM 的影响，通过改变注气压力研究储层的力学响应，以及对 CH_4 产量、CO_2注入量的影响。通过上述数值模拟定量获得 CO_2-ECBM 各个因素影响程度以及效果。

表 7-2　数值模拟方案

方案	模型	耦合方式
方案 1 注气影响	模型 1：CBM 模型 2：直接开采 5 个月后注 CO_2	流-固
方案 2 温度的影响	模型 1：生产井温度 T=293 K 模型 2：生产井温度 T=313 K 模型 3：生产井温度 T=333 K 模型 4：生产井温度 T=353 K	热-流-固
方案 3 注气压力的影响	模型 1：注气压力 2 MPa 模型 2：注气压力 4 MPa 模型 3：注气压力 6 MPa 模型 4：注气压力 8 MPa	热-流-固

7.2　注 CO_2对煤层气增产效果

7.2.1　煤层中孔隙压力的变化

图 7-3 为开采第 360 天、第 1 800 天和第 3 600 天时，CBM 和 CO_2-ECBM 两种开采方式煤层压力的分布云图。

由图 7-3 可知生产相同的天数，不同模型气体压力分布差异很大：直接开采，随着开采过程的进行，煤层中孔隙压力逐渐降低；注气驱替，随着开采时间增加，煤层中气体总压力持续增加，注气约 10 a 后，整个储层压力趋于一致，说明此时储存 CO_2已经饱和，地质封存工作结束。图 7-4 为不同开采时间，孔隙压力沿模型对角线方向的分布曲线，由图可知：模型 1 中生产 360 d 时，生产井附近

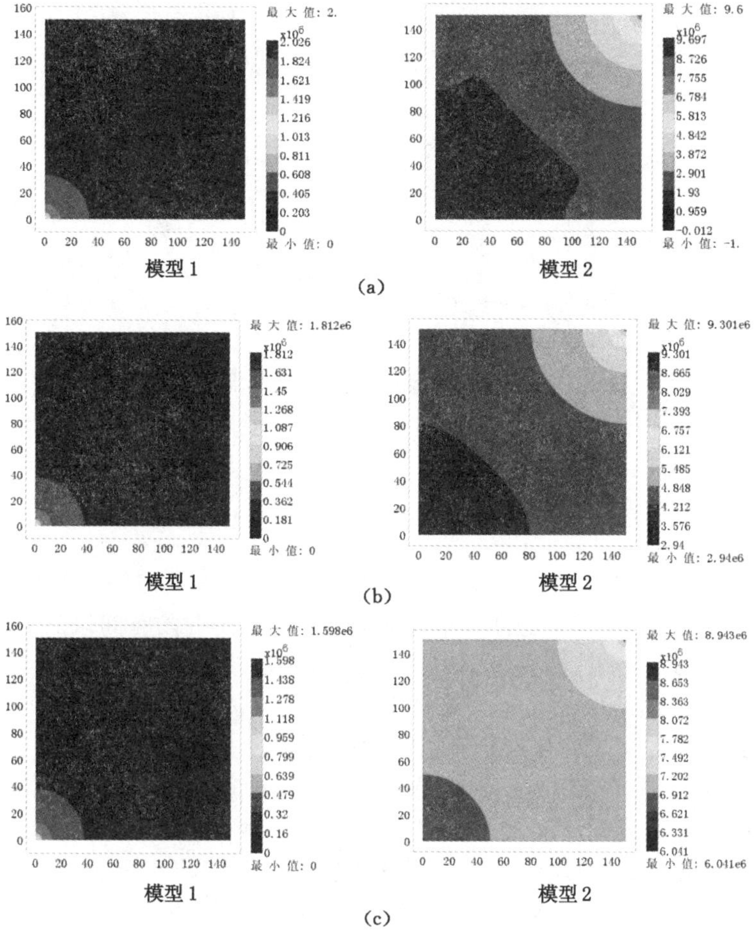

图 7-3　煤层中孔隙压力的分布云图

(a) 360 d;(b) 1 800 d;(c) 3 600 d

压力约为 1 MPa，为储层原始压力的一半左右，距离生产井 60 m 处的压力减小为 1.93 MPa 左右，而 60 m 以外区域的压力为 1.93 MPa，最大压差约 1 MPa；生产 3 600 d 时，生产井附近压力约为 0.9 MPa，距离生产井 132 m 的处的压力减小为 1.59 MPa 左右，而 132 m 以外区域的压力为 1.59 MPa。因此，模型 1 中煤层的总压力是不断减小的，但是减小的速度很慢。模型 2 中生产 360 d 时，注气井附近压力约 7.5 MPa，距注气井越远煤层孔隙压力越小，在距离注气井 100 m 处的压力减小为 2.3 MPa 左右，而 100 m 以外区域压力为 2.02 MPa，最大压差达 5.5 MPa；生产 3 600 d 时，注气井附近压力约 8.1 MPa，在距离注气井

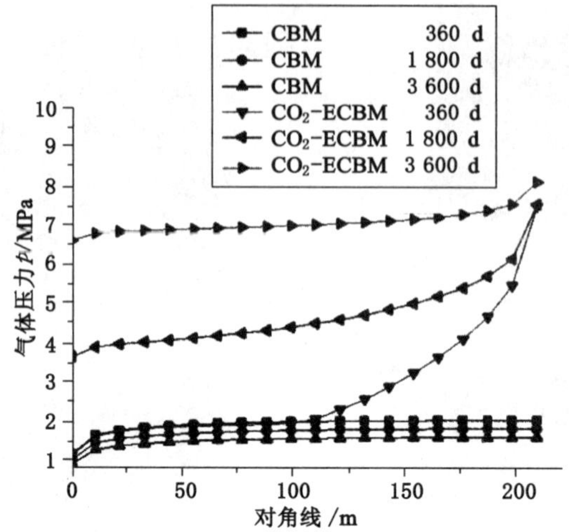

图 7-4　不同开采时间煤层中孔隙压力沿模型对角线方向曲线

100 m 处的压力减为 7 MPa 左右，生产井附近压力为 6.6 MPa。因此，模型 2 中煤层气体总压力由于 CO_2 的注入而显著增加，但是在一段时间以后总压力增加趋于平缓。这是由于气体在煤层中渗流、扩散的驱动力是压力差，当 CO_2 注入后煤层总压力大大增加，压力差也随之增大，促使气体更快地向生产井渗流和扩散，这也就是注 CO_2 提高煤层气产量的原因之一。

图 7-5 是煤层中点 $A(75,75)$ 的孔隙压力随时间演化规律。以 CBM 方式开采煤层气，A 点压力随时间缓慢下降。这是由于对于 CBM，初始煤层压力高于采气井压力；在压力梯度作用下，煤层气向生产井运移，导致孔隙压力逐渐下降，最终与边界压力相等，气体不再定向移动，生产过程结束。采用 CO_2-ECBM 方

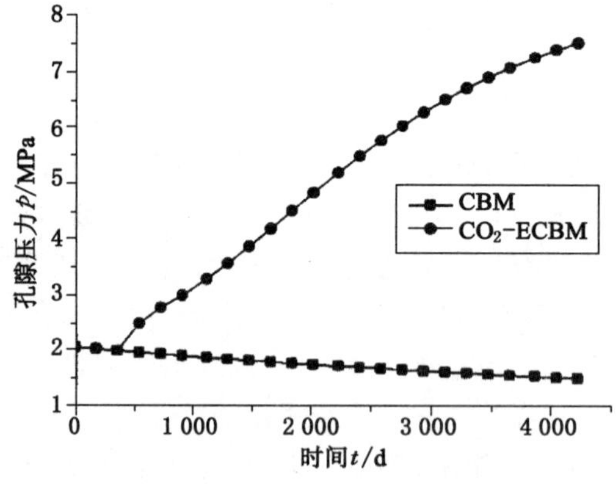

图 7-5　煤层中点 $A(75,75)$ 孔隙压力演化曲线

式开采煤层气，A 点压力随时间增加，初始压力增加速率很快；当接近 4 000 d 时，压力增加趋缓。这是由于 CO_2 的注入，注入井附近储层压力首先增加；随着注入过程的进行，压力增加趋势不断向煤层内部波及，CO_2 注入的区域也越来越大，一段时间后必然影响 A 点孔隙压力，并使 A 点孔隙压力增加；随着注入过程继续进行，孔隙压力增加抑制了 CO_2 的注入速率，使孔隙压力的增加趋缓。

7.2.2　煤层渗透率的变化

图 7-6 是方案 1 中不同时间煤层渗透率沿模型对角线方向变化曲线。模型 1 中生产 360 d 时，生产井渗透率约为初始渗透率的 1.4 倍，距生产井越近，渗透率越大；生产 3 600 d 时，生产井附近渗透率约为初始渗透率的 1.5 倍。因此，对于直接开采，随着时间增加，渗透率逐渐增加，且离生产井越近，渗透率越大。这是由于随着生产过程进行，生产井附近孔隙压力下降，吸附量下降，导致煤基质吸附变形减小，孔隙率增大，渗透率增大。模型 2 中生产 360 d 时，注气井附近煤层相对渗透率减小至 0.43 左右，产气井附近煤的渗透率约为初始渗透率的 1.25 倍；但随着 CO_2 持续注入，生产 1 800 d 时，生产井附近渗透率仅为初始渗透率的 50%，生产 3 600 d 时，煤层中各点相对渗透率均减小到 0.3 左右。因此，对于注气开采，随着时间增加，注气井附近煤层渗透率呈下降趋势，生产井附近渗透率先上升后下降。其原因在于对于注气井，注入 CO_2 后煤块会因为 CO_2 和 CH_4 的竞争吸附作用引起更大膨胀变形，从而导致注气井附近煤层渗透率表现为迅速下降。对于生产井，生产 360 d 时，CO_2 注入未波及生产井，影响生产井附近渗透率的主导因素是井边开采卸压，因此渗透率有所增加；当生产 1 800

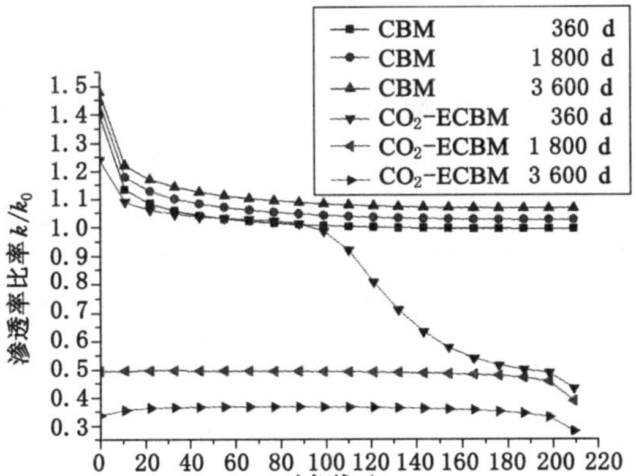

图 7-6　方案 1 中不同时刻煤层总渗透率比率沿模型对角线方向变化曲线

d 时，CO_2影响至生产井，CO_2和 CH_4竞争吸附促使煤体膨胀，渗透率下降。

图 7-7 是在点 A(75, 75)基质渗透率随时间的变化规律。模型 1 中点 A(75,75)基质渗透率随时间略微增加，在开采 4 000 d 时的渗透率为原始渗透率的 1.1 倍。模型 2 基质渗透率初始生产 150 d 时与模型 1 相同，在注入 CO_2时，初始时与模型 1 一致；在生产 540 d 后则随时间明显下降，生产 4 000 d 时下降约 16%。出现这种情况的原因是：模型 1 中没有注气，随着 CH_4的解吸，煤基质逐渐收缩，孔隙增大，这样渗透率就相应地有所增加，但由于 CH_4在煤基质上的吸附产生的吸附应变很小，因此渗透率增加幅度很小；模型 2 中由于 CO_2的注入，煤对 CO_2吸附作用强于 CH_4，吸附所引起的煤基质的膨胀作用大于 CH_4解吸所引起的收缩，吸附应变促使孔隙空间减小，渗透率相应地减小。由于注气井离 A 点较远，初始注气对煤层中 A 点渗透性率几乎没有影响；随着注气过程进行，CO_2影响范围扩大，导致 A 点渗透率迅速下降。

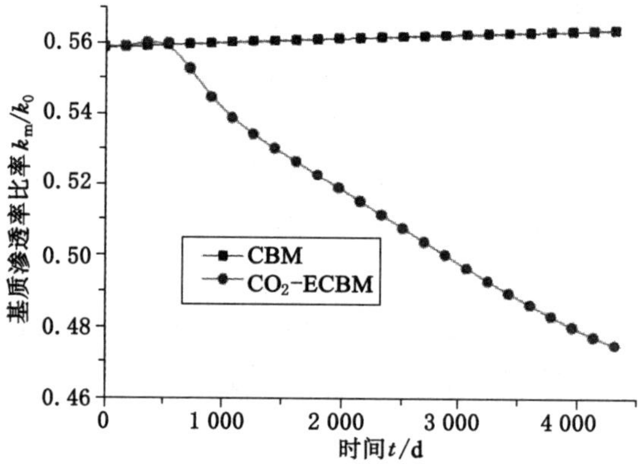

图 7-7　点 A(75,75)处基质渗透率比率的演化曲线

图 7-8 是点 A(75,75)处的裂隙渗透率随时间的变化。模型 1 裂隙渗透率在 4 000 d 时为原始的 1.1 倍。模型 2 中注入 CO_2后，煤层渗透率有一个短暂上升，然后又迅速下降，在生产 3 000 d 时已经趋于零，说明在生产 3 000 d 后，煤层渗透主要依赖于基质渗透。其原因在于模型 2 中首先一次开采 5 个月，受开采影响，煤层孔隙压力下降，促使煤基质吸附气体解吸，煤体骨架收缩，孔隙率增加，渗透率增加；注入 CO_2后，气体首先流入煤层裂隙中，促使裂隙开度增大，因此渗透率在注气初始有所增加；然而，随着注气进行，CO_2和 CH_4竞争吸附结果使煤基质膨胀，减小裂隙开度，导致渗透率下降，并且由于裂隙的开度非常小，受到基质膨胀或收缩的影响很大，导致裂隙渗透率随时间迅速下降。

图 7-9 是点 A(75,75)处的总渗透率演化曲线。总渗透率为基质渗透率和

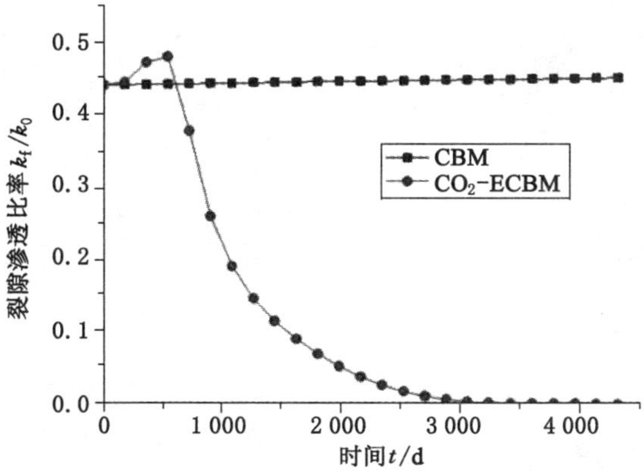

图 7-8　点 A(75,75)处的裂隙渗透率比率演化曲线

裂隙渗透率之和，受这两种渗透率共同影响。模型 1 中渗透率随时间缓慢增加，生产 4 000 d 时，渗透率约为初始渗透率的 1.1 倍。而模型 2 中注气后，总渗透率受基质渗透和裂隙渗透的共同影响，初始增大，然后再减小，生产 4 000 d 时总渗透率约为初始渗透的 50%。

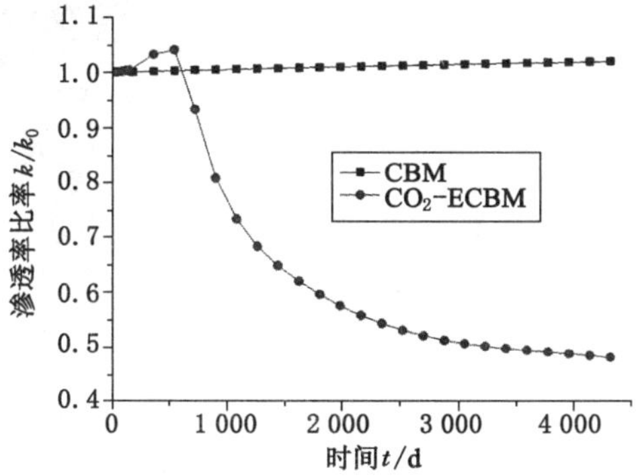

图 7-9　煤层中点 A(75,75)处总渗透率比率演化曲线

7.2.3　气体组分的变化

图 7-10 是游离CH_4 浓度演化云图，颜色不同代表不同游离CH_4 浓度不同。对比两个模型：模型 1 中游离CH_4 浓度首先变化的区域在生产井口附近，这种变化不断向煤层内部波及，使煤层内CH_4 浓度随时间缓慢降低。其原因在于：生产井压力低于储层压力，受压力梯度影响，CH_4 气体向生产井运移，且离生产井越近压力梯度越大，气体运移速度也就越大，导致生产井附近气体浓度最低，

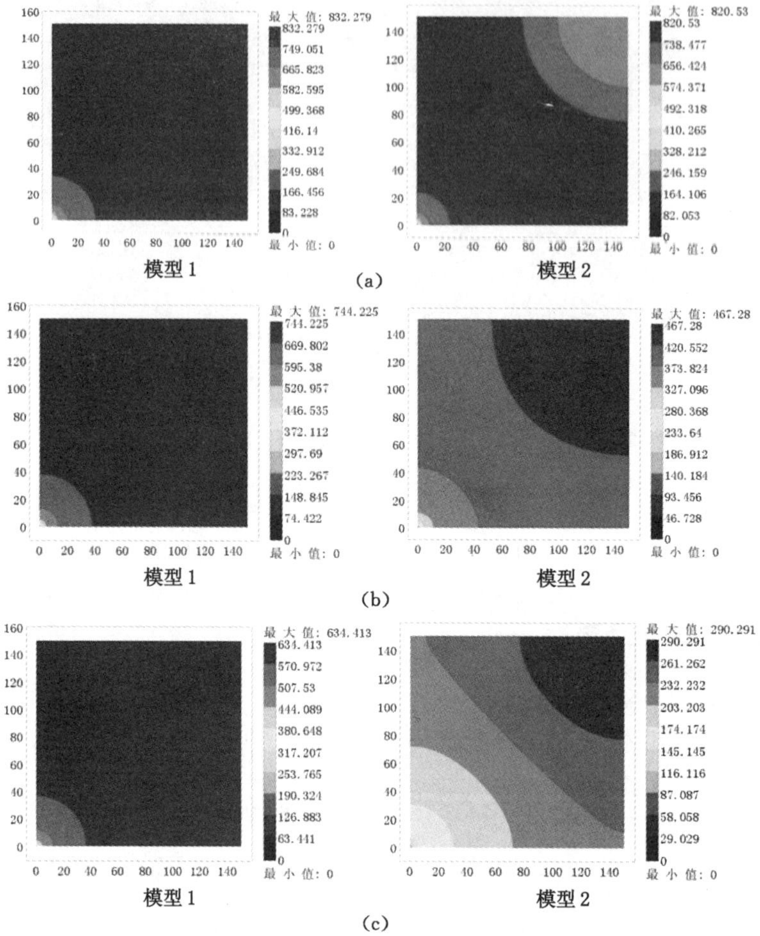

图 7-10　煤层中游离CH_4浓度分布云图

(a) 360 d;(b) 1 800 d;(c) 3 600 d

且距生产井越近，气体浓度越低。但由于储层压力与生产井压力差相对较小，因此气体运移速度整体缓慢，导致模型 1 中游离CH_4浓度下降速度缓慢。模型 2 中CH_4浓度下降迅速，且浓度下降最大的区域主要集中在注气井的附近和采气井附近。这是由于：在注气井附近，CO_2和CH_4竞争吸附结果使得大量吸附CH_4解吸，在煤孔隙、裂隙中扩散、渗流，向生产井附近运移，使CH_4浓度降低，且由于注入CO_2使储层压力梯度显著增加，气体运移速度受压力梯度影响而迅速增加，导致注气井附近游离CH_4浓度迅速降低；在生产井附近，初始受井边卸压影响，使CH_4向生产井移动，从而导致CH_4气体浓度也会降低，随着注气过程进行，一段时间后生产井附近同时受到注气驱替影响，促使游离CH_4浓度进一步降低。

图 7-11 为方案 1 中煤层中游离CH_4浓度沿模型对角线分布。直接开采，生产 360 d 时距离生产井口 22 m 的范围内CH_4含量为初始值的 57%～86%，其他区域CH_4含量大于 86%，浓度最大为初始含量的 99%。在开采了 3 600 d 时，CH_4含量有显著变化的区域扩展到距离井口 77 m 左右，含量大约为 45%～76%；其他区域的含量也有所下降，浓度最大为初始含量的 79%。以CO_2-ECBM方式开采煤层气，生产 360 d 时距生产井附近 22 m 处CH_4含量为初始值的 56%～85%；生产 3 600 d 时煤层中 CH_4含量仅为初始值的 14%～34%，游离CH_4浓度远低于直接开采；且除受开采卸压影响附近 CH_4浓度会降低之外，注气井附近 CH_4浓度也大大降低。这是 CO_2驱替煤层CH_4的体现。由于 CO_2注入与 CH_4竞争吸附，导致CH_4从吸附态变为游离态，游离CH_4在储层压力梯度作用下朝生产井运移，从而降低注气井附近游离CH_4浓度。

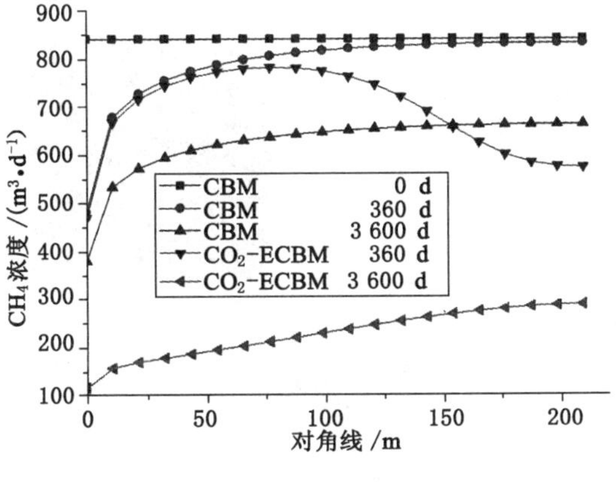

图 7-11　煤层中游离CH_4浓度沿模型对角线分布曲线

图 7-12 是模型 2 中的游离 CO_2浓度分布云图。从图中可以看到：随着注入过程进行，CO_2影响范围不断扩大，直至饱和。在注入进行 720 d 时（约 2 a），CO_2主要影响范围大约距注入井 100 m；随着注入过程进行，煤层中 CO_2浓度增加；到 4 320 d 时，CO_2浓度增加接近注入点浓度。

图 7-13 是孔隙中 CO_2和CH_4在点 A(75,75)的浓度随时间的变化。从图中可以看到：直接开采CH_4浓度下降缓慢；注气开采 A 点的CH_4含量下降很快。模型 1 在 4 000 d 时 A 点的CH_4含量还有 80%，而模型 2 仅为 50%。模型 2 中 A 点 CO_2浓度初始增加较快，到 3 500 d 时增加趋缓，直至 4 000 d，CO_2浓度趋

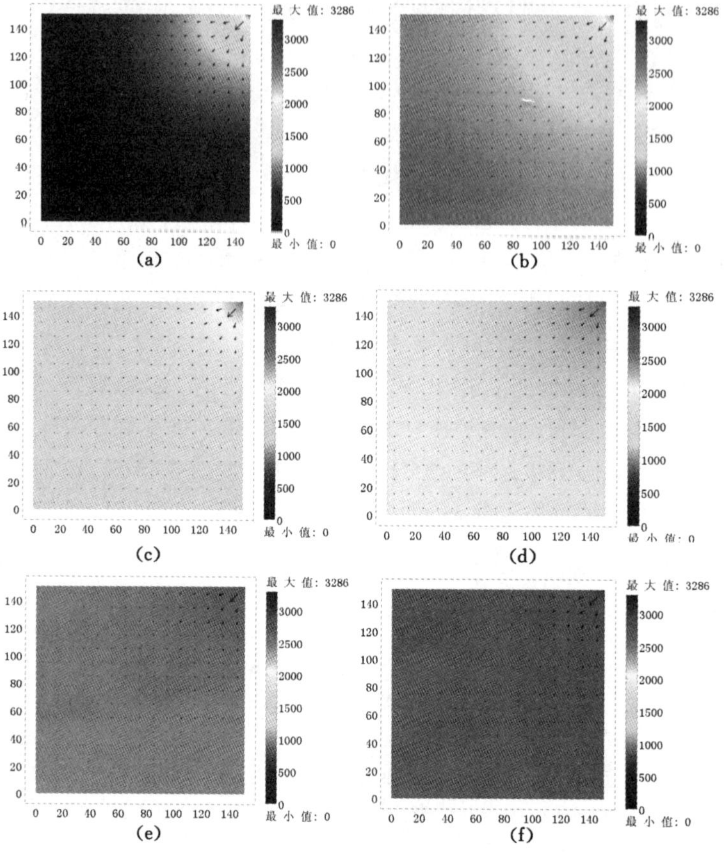

图 7-12　模型 2 中游离 CO_2 浓度变化云图

(a) 720 d;(b) 1 440 d;(c) 2 160 d;(d) 2 880 d;(e) 3 600 d;(f) 4 320 d

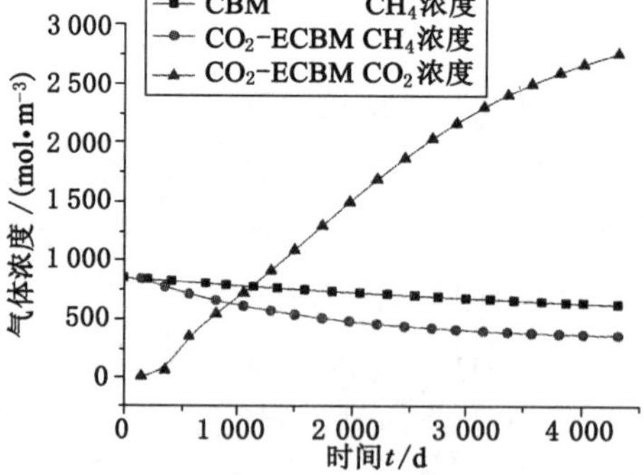

图 7-13　煤层中 $A(75,75)$点气体浓度变化曲线

于稳定，其值与注气井浓度接近。这是由于注入 CO_2 加速了煤层 CH_4 的解吸，与此同时 CO_2 浓度也会因注入 CO_2 迅速上升，直至饱和。

7.2.4　煤层气产量及 CO_2 注入量

图 7-14 是煤层气的产出速率。从图中可以明显看到两个模型之间的差别：模型 1 产出速率从 432 m^3/d 左右逐渐下降，生产约 720 d 后产出速率下降至 341 m^3/d，生产 3 600 d 时，CH_4 产出速率降至 244 m^3/d；模型 2 生产 5 个月后开始注气，从注气开始 CH_4 产量有显著增加，生产 720 d 时产出速率由 341 m^3/d 增加到 1 985 m^3/d，增幅为 580%，生产 3 600 d 时产出速率由 244 m^3/d 增加到 1 403 m^3/d，增幅为 575%。

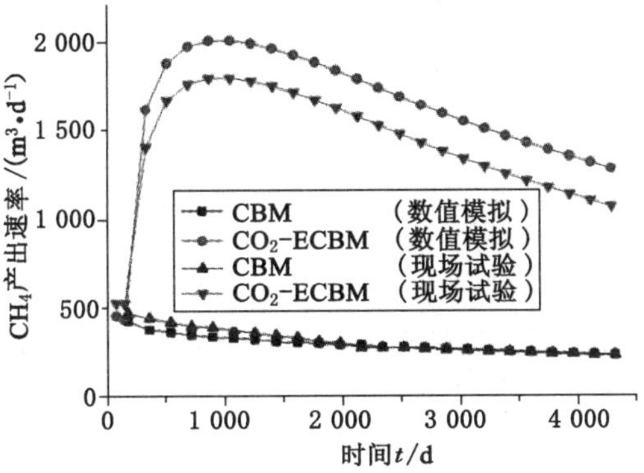

图 7-14　CH_4 产出速率曲线

表 7-3　　**方案 1 中 CH_4 产量**

时间 t/d	CH_4 累计产量/m^3		CH_4 产出速率/($m^3 \cdot d^{-1}$)	
	CBM	CO_2-ECBM	CBM	CO_2-ECBM
720	257 559.5	1 624 752	341.3	1 985.2
1 440	477 751.6	3 042 346	302.5	1 939.3
2 160	678 226.8	3 965 486	285.7	1 760.1
2 880	863 980	4 516 440	262.6	1 567.4
3 600	1 038 521	4 828 840	244.8	1 403.5

图 7-15 是各模型中煤层气的累计产量。从图中可以看出，注气和不注气开采 CH_4 的累计产量差别很大。注气的模型 2 中，煤层气产量快速增加，生产

720 d，CH_4 累计产量为 1 624 752 m^3，而模型 1 中CH_4 累计产量为 257 559.5 m^3，前者是后者的 6.3 倍。生产 3 600 d(约 10 a)的CH_4 累计产量模型 2 为模型 1 的 4.6 倍多。此处模拟结果与CO_2-ECBM 试验结果一致[140]。

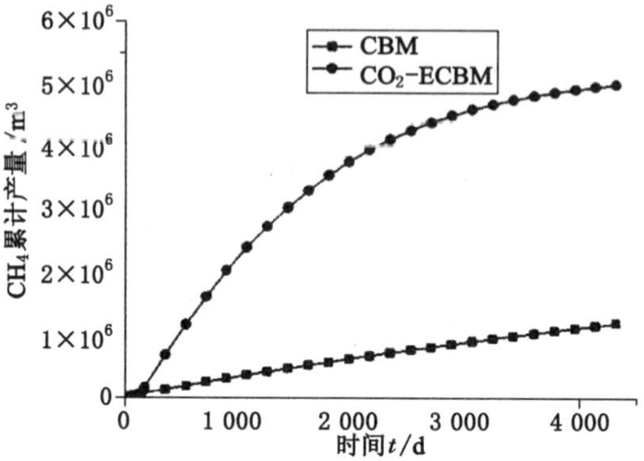

图 7-15　CH_4 累计产量曲线

图 7-16 是模型 2 中CO_2 注入速率。从图中可以看到：初始CO_2 注入速率比较大，至 4 700 kg/d；随着注入时间的增加，注入速率随时间迅速下降，到 500 d 后出现一段平台期，此时注气速率稳定在 3 600 kg/d；至 1 200 d 后，随时间迅速下降，到 3 600 d 时，注气速率仅有 1 217 kg/d。原因在于初始煤层由于 CH_4 开采，孔隙率增加，渗透率增加，导致CO_2 注入速率初始比较大；随着CO_2 注入，CO_2 与 CH_4 竞争吸附导致煤基质发生膨胀，膨胀作用会使煤孔隙率降低，渗透率降低而CO_2 的注入速率迅速下降。随着注气过程的进行，煤层裂隙渗透率这是由于煤层所能储存的CO_2 的量是一定的，随着注气过程进行，煤层 CO_2 浓度

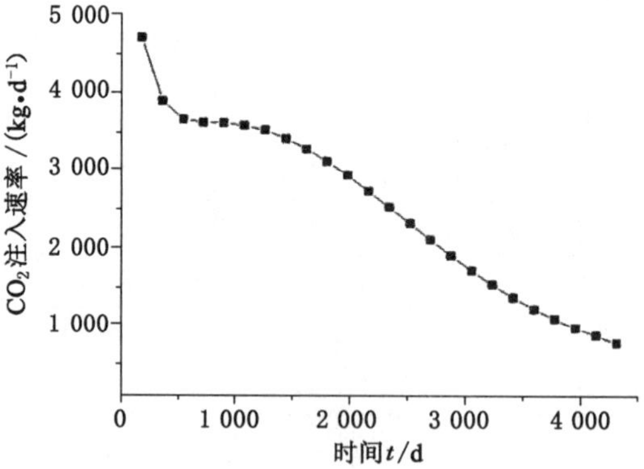

图 7-16　CO_2 注入速率

越来越高，煤层压力越来越大，气体越来越难注入。

图 7-17 是CO_2 的累计注入量随时间演化曲线。从图中可以看到：CO_2 累计注入量随时间增加；初始增加比较快，随着注入过程进行，增加幅度减缓。在 720 d(约 2 a)时，CO_2 的累计注入量约为 2.15×10^6 kg；在 2 160 d(约 6 a)CO_2 累计注入量约为 6.86×10^6 kg；而在注气进行了 3 600 d(约 10 a)时，CO_2 累计注入量约为 9.5×10^6 kg，煤层封存的CO_2 的量是巨大的。

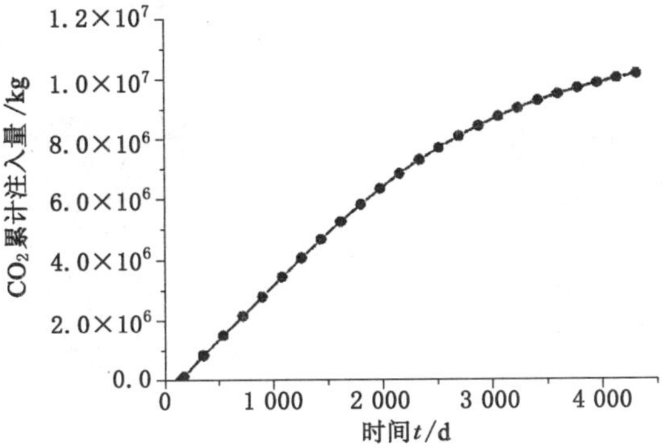

图 7-17　CO_2 累计注入量

表 7-4　　模型 2 中CO_2 累计注入量

生产日期		第 720 天	第 1 440 天	第 2 160 天	第 2 880 天	第 3 600 天
CO_2-ECBM	CO_2 累计注入量/kg	2 151 641	4 692 800	6 862 080	8 454 840	9 502 360
	CO_2 注入速率/(kg·d^{-1})	3 618	3 413	2 731	1 903	1 217

7.3　温度对 CO_2-ECBM 的影响

为了研究温度对 CO_2-ECBM 的影响，在数值模型中增加温度边界。其中注气井温度与煤层初始温度一致，改变生产井温度，来分析温度对 CH_4 产量、CO_2 注入效率以及煤层相应的响应。由于需考虑温度效应对于煤层 CH_4 的影响，因此相应 CH_4 吸附常数采用式(2.4)，并设 CO_2 吸附常数为 CH_4 的 2 倍。

7.3.1　温度分布规律

图 7-18 是不同时刻煤层温度分布云图，图中可知，随着热传导过程的进行，温度影响范围逐渐增大。生产 360 d 时，温度影响范围约为 60 m，60 m 以外保

持煤层初始温度 293 K；开采 1 080 d 时影响范围大致为 80 m。

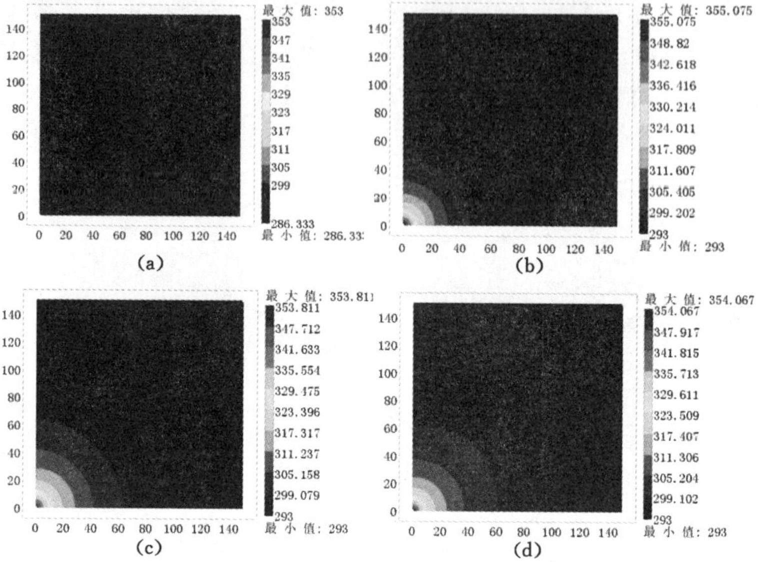

图 7-18　煤层温度分布规律(T=353 K)

(a) 0 d;(b) 360 d;(c) 720 d;(d) 1 080 d

图 7-19 为煤层中温度沿对角线分布规律，由图可知由于生产井温度高于储层温度，在热传导作用影响下，煤层各处温度呈上升趋势。一定温度条件下，离热源越近，煤层温度越高，注热时间越长，煤层温度越高。

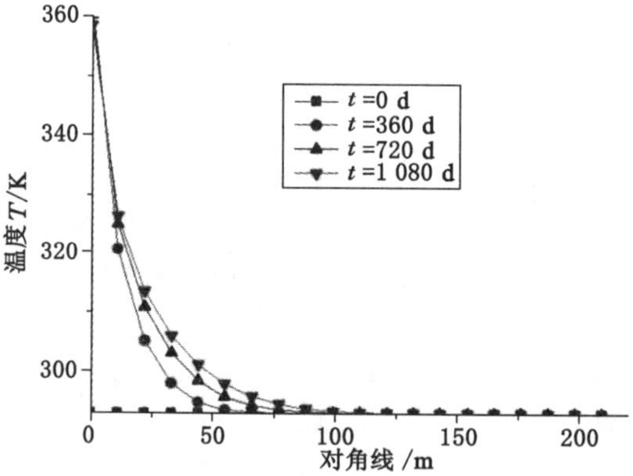

图 7-19　煤层中温度沿对角线分布规律(T=353 K)

由图 7-20 可以看到随着时间增加，点 B(5, 5)温度升高，且呈非线性关系；

至 400 d 后，温度趋于稳定，稳定时该点温度与热源温度相同。

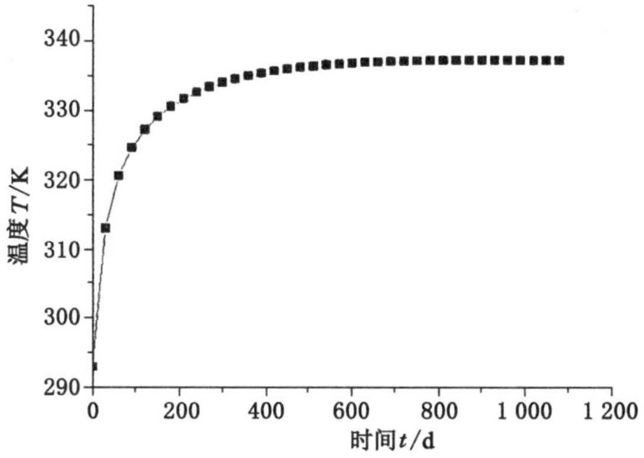

图 7-20　煤层中 $B(5,5)$点温度演化规律

7.3.2　温度对孔隙压力影响

图 7-21 是生产井温度分别为 293 K 和 353 K 时煤层中孔隙压力分布云图，图中显示，温度主要影响其附近压力，远离生产井处煤层温度几乎不变。随着时

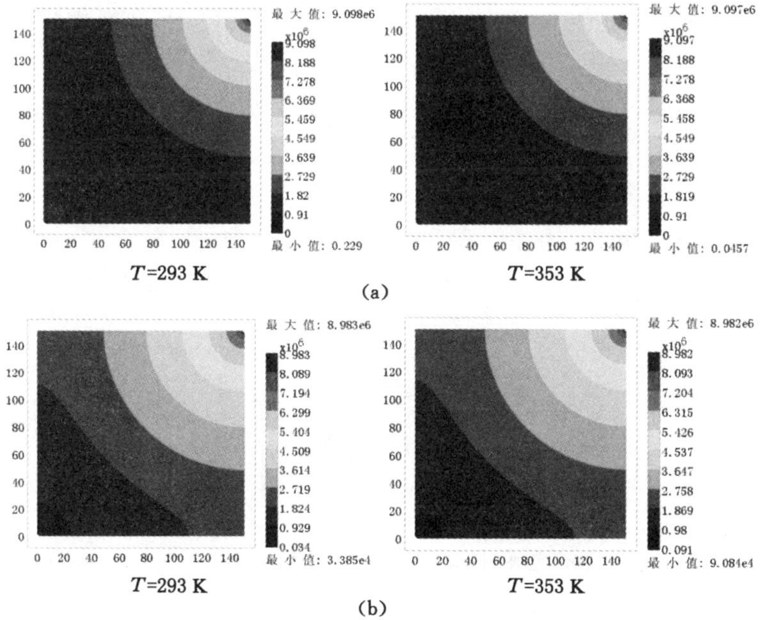

图 7-21　方案 2 中煤层压力分布云图

(a) 360 d；(b) 1 080 d

间增加温度影响范围扩大。

图 7-22 为方案 2 中生产时间 1 080 d，注气压力为 8 MPa 时，孔隙压力沿对角线分布规律。从图中可以发现：沿对角线方向孔隙压力增加，离注气井越近，孔隙压力越大；生产井温度越高，孔隙压力越大。由第 4 章可知：温度能够促进

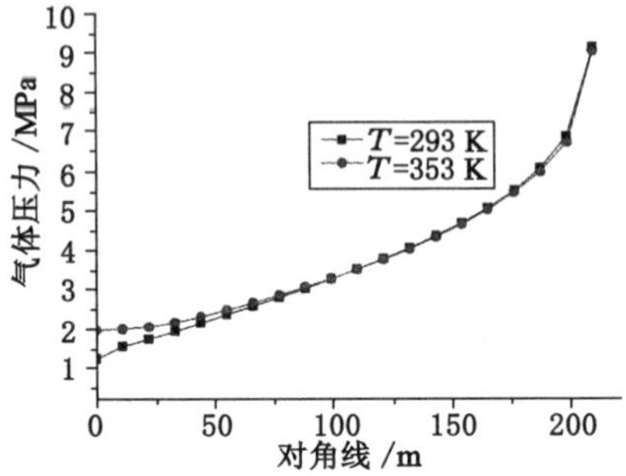

图 7-22　煤层中孔隙压力沿对角线分布规律（t=1 080 d）

CH_4气体解吸，向基质孔隙和裂隙中渗流，导致气体压力降低。而图 7-22 中随着温度升高生产井附近孔隙压力却增加，原因在于CO_2 注入。生产 1 080 d 时，CO_2 已经运移至生产井附近，温度升高降低 CH_4 吸附量的同时，也会降低CO_2 吸附量，CO_2 吸附量的降低，必然导致游离态CO_2 的增加，从而增加储层压力，增大CO_2 的运移速度。在研究中，由于取CO_2 朗缪尔吸附体积常数为 CH_4 的 2 倍，因此温度升高影响CO_2 吸附解吸和运移对储层压力变化起主导作用，温度升高可使生产井温度影响的区域内压力增加。生产 1 080 d 时，生产井温度影响范围约为 80 m。此范围内孔隙压力受温度、注气和采气共同影响；而范围外孔隙压力不受温度影响，由注气和采气共同决定。

图 7-23 是生产井温度为 353 K 时孔隙压力沿模型对角线分布规律，由图可

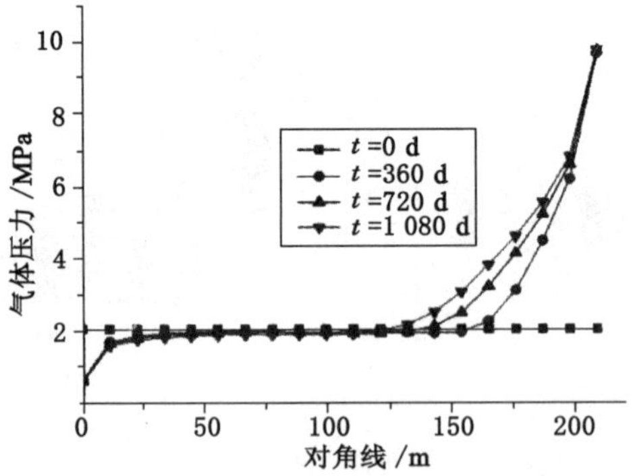

图 7-23　煤层中压力沿模型对角线分布规律（T=353 K）

知：初始孔隙压力各处相同均为 2 MPa，当生产 360 d 时，注气井压力增加至 10 MPa，距注气井 50 m 处孔隙压力保持初始压力直至离注气井 180 m，离注气井 180 m 以外，由于受生产井影响孔隙压力会下降至约 0.7 MPa；当生产 1 080 d 时，气体注入引起压力增加范围扩大至距注气井 100 m，距注气井 100 m 处孔隙压力保持初始压力直至离注气井 180 m，180 m 之外孔隙压力分布规律与生产 360 d 类似。

图 7-24 是不同生产井温度条件下煤层中点 *B*(5,5)压力演化规律，由图可

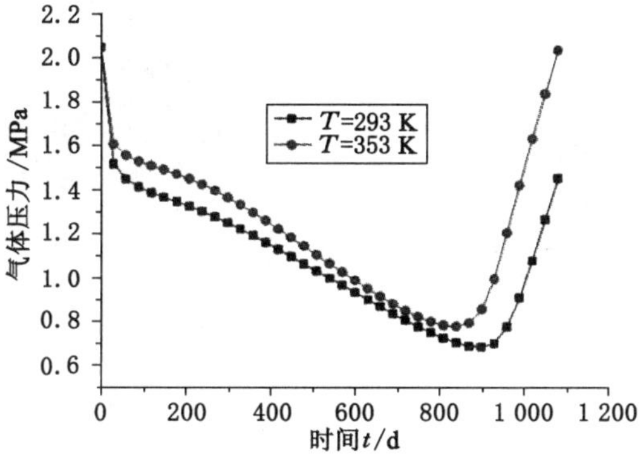

图 7-24　煤层中点 *B*(5,5)压力演化规律

知：开采 900 d 之前，*B* 点压力降低；开采 900 d 之后，*B* 点压力随时间增加。其原因在于：由于 *B* 点位于生产井附近，且离注气井比较远，初始主要受生产井卸压影响，导致压力随时间下降；随着CO_2 气体持续注入，其影响范围逐渐扩大，至 900 d 后，CO_2 气体已运移至生产井附近，*B* 点压力会迅速升高。对比不同温度发现孔隙压力随温度升高而增加。

7.3.3　温度对渗透率影响

图 7-25～图 7-28 主要研究温度对渗透率的影响规律。图 7-25 为生产井温度分别为 293 K 和 353 K 时渗透率演化云图。由图可知：温度主要影响生产井附近渗透率，且随时间增加注气井渗透率降低，生产井渗透率先增加再减小，且随温度增加渗透率降低。

图 7-26 为生产 1 080 d 时对应不同生产井温度，渗透率沿模型对角线变化规律。由图可知：温度影响主要集中在生产井附近约 80 m，且随着温度升高渗透率下降。其原因在于一方面随温度升高，热应力导致煤体膨胀变形，减小孔隙率，降低渗透率，另一方面温度升高会导致煤层CH_4 解吸而减小吸附膨胀，提高渗透率，这两者共同作用决定煤层渗透率变化规律。图 7-26 中表明起主导作用

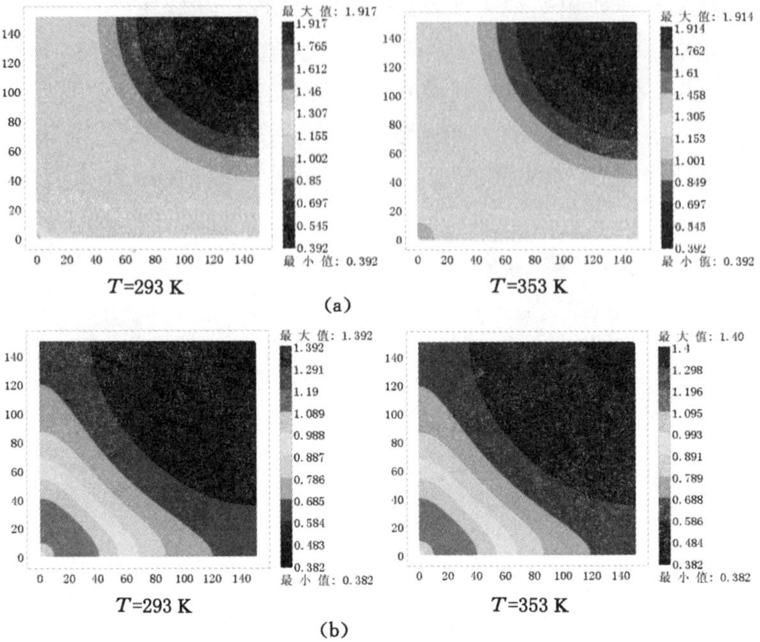

图 7-25　方案 2 中煤层渗透率分布云图

(a) 360 d;(b) 1 080 d

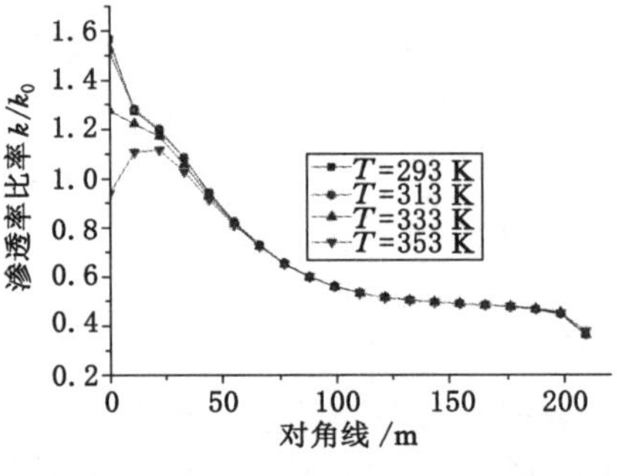

图 7-26　方案 2 中煤层渗透率比率沿模型对角线分布规律(t=1 080 d)

的是热应力导致的渗透率随温度下降。这是由于沁水盆地煤样吸附CH_4导致吸附应变相对较小,所以温度升高,CH_4解吸而引起煤基质收缩变形小,对渗透率影响也就非常小。由图也可以看到距注气井越近,渗透率越小。这是由于煤吸附CO_2产生的吸附变形大于煤对CH_4的吸附变形,CO_2的注入,与CH_4竞争吸附结果会导致煤吸附变形增大,吸附变形增大会导致煤孔隙率降低而使煤渗透率减小。

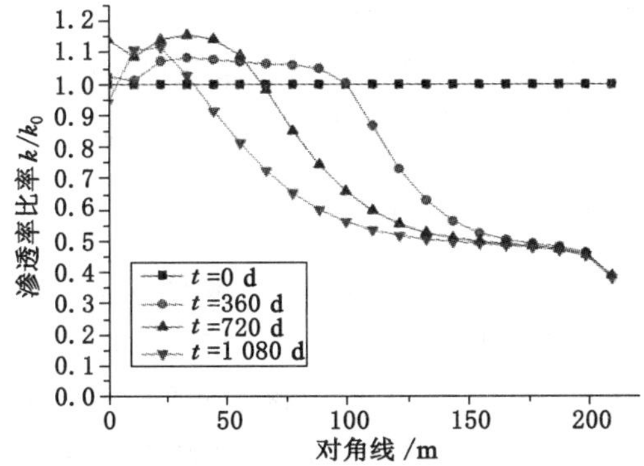

图 7-27　煤中渗透率比率沿对角线演化曲线(T=353 K)

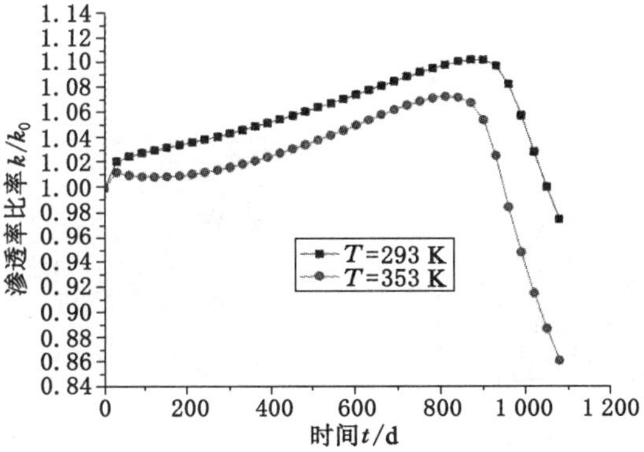

图 7-28　煤层中 $B(5,5)$点渗透率比率演化曲线

图 7-27 是生产井温度为 353 K 时，不同时刻渗透率沿模型对角线方向变化曲线。由图可以看到：随着气体注入，在注气井附近煤层渗透随时间下降，在生产井附近渗透率先上升后下降。其原因在于对于注气井，随着时间演化，注入 CO_2 越多，与 CH_4 竞争吸附使得煤吸附变形增加，吸附变形的增加会减小孔隙率从而影响煤层渗透性能。生产井离注气井比较远，只有经历相当长的时间 CO_2 才能影响到它，初始阶段影响生产井附近渗透率主导因素是生产井卸压导致生产井附近产生压力梯度，在压力梯度作用下 CH_4 向生产井运移，促使 CH_4 浓度降低、压力降低、吸附变形减小、孔隙率增加、渗透率增加；随着时间演化，CO_2 不断注入，其影响范围越来越广，最终导致生产井附近煤层渗透性降低。

图 7-28 是煤层中点 $B(5,5)$渗透率随时间变化规律。由图可知：该点渗透率随时间先增加再减小。其原因在于点 $B(5,5)$初始受生产井卸压影响，渗透率会增加；随着 CO_2 不断注入，当生产到 900 d 时，CO_2 已经运移到了点 $B(5,5)$，

导致 B 点渗透率迅速下降。对比不同温度，发现该点渗透率时间演化规律类似且随温度升高而渗透率迅速下降，说明温度导致热应力促使煤体膨胀，对于渗透率的变化起主导作用，致使渗透率随温度升高有所降低。

7.3.4 温度对游离气体浓度的影响

图 7-29 是游离CH_4 浓度分布云图。生产相同时间内，对比不同生产井温度，发现生产井主要影响其附近游离CH_4 浓度，生产井温度升高越高，游离CH_4 浓度越低；且随着时间演化CH_4 浓度整体逐渐降低，浓度变化最大区域位于生产井和注气井附近。其原因在于：生产井附近压力低于储层压力，压力梯度导致气体运移促使CH_4 浓度降低；注气井附近，CO_2 的注入与CH_4 竞争吸附导致大量CH_4 从煤基质中解吸出来，在压力梯度作用下向生产井不断运移，导致注气井附近的游离CH_4 浓度降低。受注气和生产井卸压共同影响，煤层内部CH_4 浓度逐渐降低，距注气井和生产井越近，CH_4 浓度也就越低。

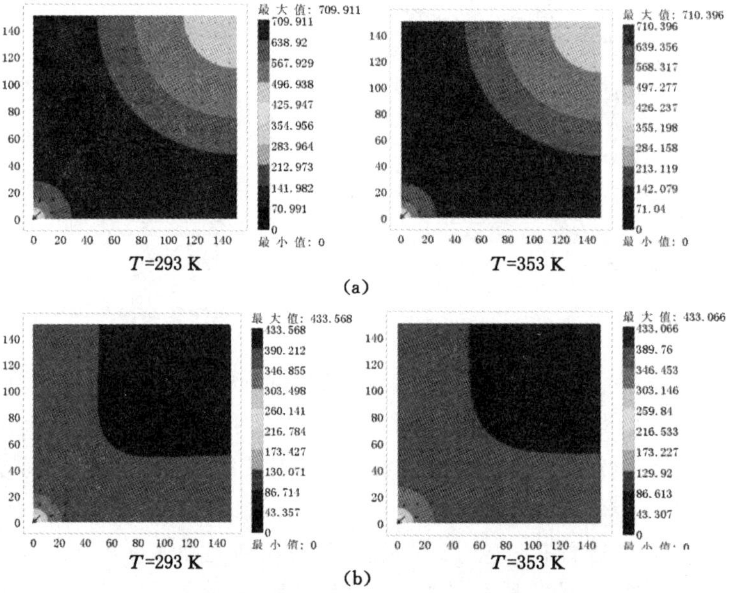

图 7-29　方案 2 中CH_4 浓度分布规律

(a) 360 d;(b) 1 080 d

图 7-30 是煤层中CO_2 浓度分布云图。生产相同时间内，对比不同生产井温度，发现游离CO_2 浓度受生产井温度影响比较小。随着CO_2 注入过程的进行，储层CO_2 浓度整体增加。注CO_2 360 d 时，CO_2 运移至距注入井约 100 m 处，此区域外，CO_2 浓度为 0，且离注入井越近CO_2 浓度越高；对比不同生产井温度下

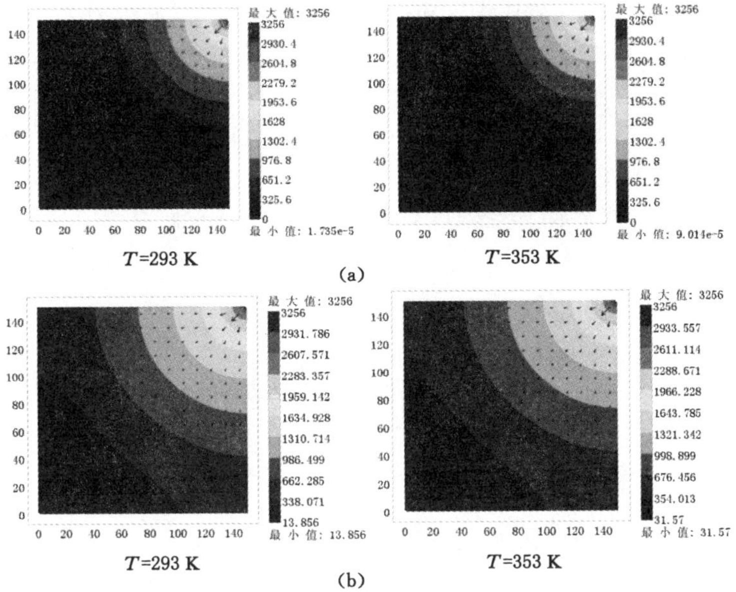

图 7-30　方案 2 中CO_2 浓度分布云图

(a) 360 d;(b) 1 080 d

CO_2 分布规律,发现几乎没有区别。在生产 1 080 d 时CO_2 已影响到至距注入井约 170 m,这时可以看到随着生产井温度升高,游离CO_2 浓度有所增加。

图 7-31 为生产 1 080 d 时方案 2 中游离CH_4 浓度沿模型分布规律。由图可知煤层中CH_4 浓度沿对角线方向增加,这是由于生产井压力低于储层压力,在压力梯度影响下,气体朝生产井方向流动,从而使其附近气体浓度降低,距生产

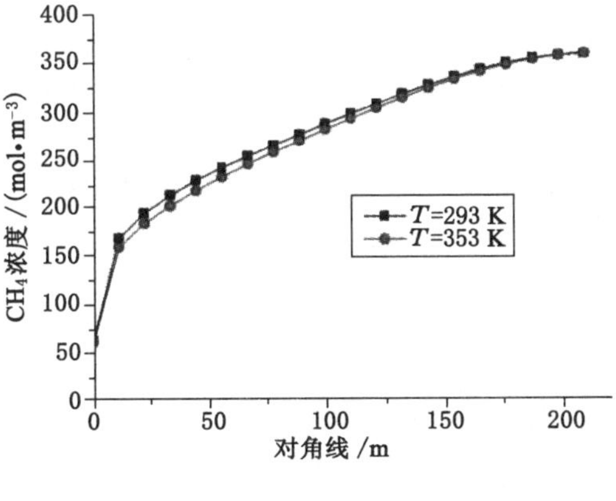

图 7-31　CH_4 浓度沿模型对角线分布曲线

井越近，气体浓度越低。对比不同生产井温度，发现随着温度升高，CH_4 浓度有所降低，这是由于温度能够促使CH_4 解吸，提高CH_4 产出速率，促使CH_4 浓度降低。

图 7-32 为生产 1 080 d 时方案 2 中游离CO_2 浓度分布规律，由图可知沿对角线方向CO_2 浓度增加。对比不同温度，发现CO_2 浓度随温度升高而增加，这是由于CO_2 的解吸吸附同样受温度影响，温度升高亦会促使吸附态CO_2 解吸变为游离态，CO_2 浓度有所增加。

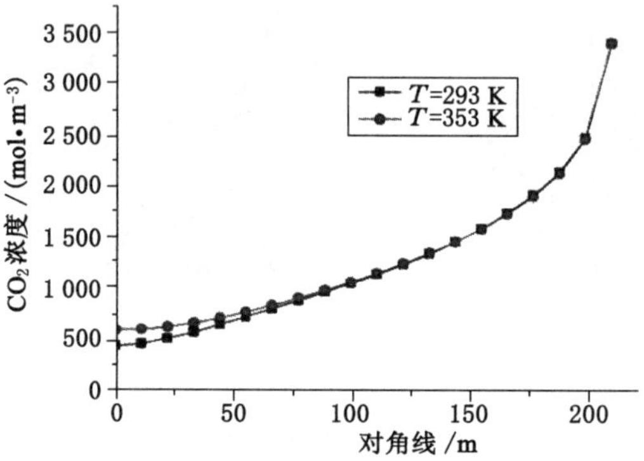

图 7-32 CO_2 浓度沿模型对角线分布曲线

图 7-33 是煤层中CH_4 浓度沿对角线方向分布规律。初始时，各处CH_4 浓度均匀；随着时间演化，当生产 360 d 时，注气井附近CH_4 浓度约为 650 mol/m^3，生产井附近CH_4 浓度大约为 200 mol/m^3；随着生产过程进行，模型内CH_4 浓度进一步降低，影响范围扩大至整个模拟区域，生产 1 080 d 时，煤层中浓度最大值已经降至 600 mol/m^3。

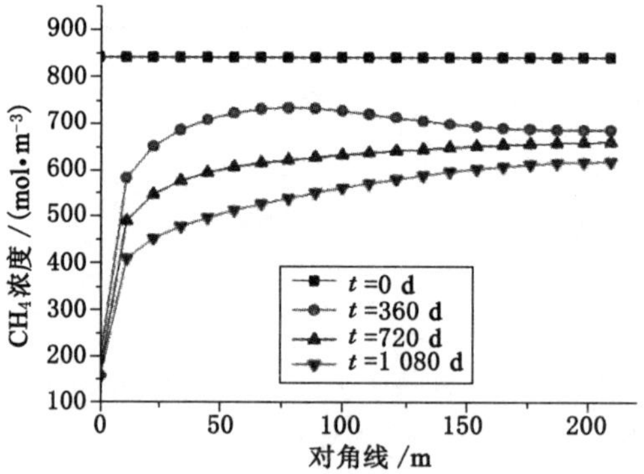

图 7-33 CH_4 浓度沿模型对角线分布曲线（T=353 K）

图 7-34 是煤层中CO_2浓度沿对角线方向分布规律。初始时，各处CO_2浓度为 0，随着驱替过程进行，当生产 360 d 时，注气井附近CO_2浓度约为 3 256 mol/m³，距注气井越远CO_2浓度越低，在距注气井 120 m 以外，CO_2浓度接近 0；随着生产过程进行，模型内CO_2浓度逐渐升高，生产 1 080 d 时，影响范围扩大至整个模拟区域，在生产井附近CO_2浓度约 40 mol/m³。

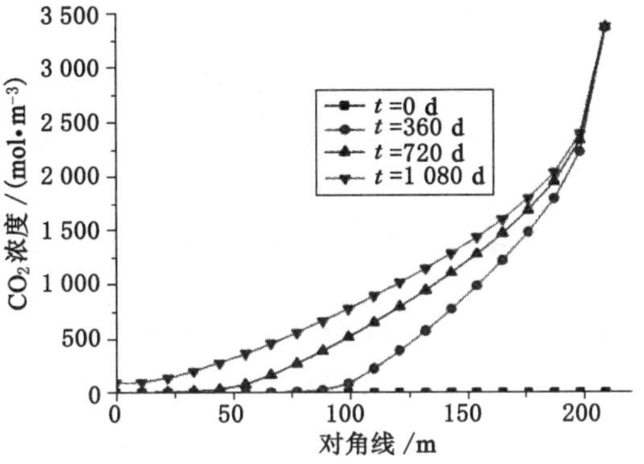

图 7-34　CO_2浓度沿模型对角线分布曲线（T=353 K）

图 7-35、图 7-36 分别为煤层点 B(5,5)气体浓度变化规律。由图 7-35 可知：CH_4浓度随时间降低，开始时降低得很快，生产大约 10 d 从初始的 841 mol/m³ 降低至 600 mol/m³；随着时间增加，降低速度减缓，在随后的 1 070 d 由 600 mol/m³降至约 150 mol/m³。其原因在于 B 点位于生产井附近，初始压力梯度很大，CH_4运移速度很快，导致CH_4浓度迅速降低；但随着生产持续进行，生产井由于周边卸压而使得压力梯度持续降低，CH_4运移速度也就随之降低。对比

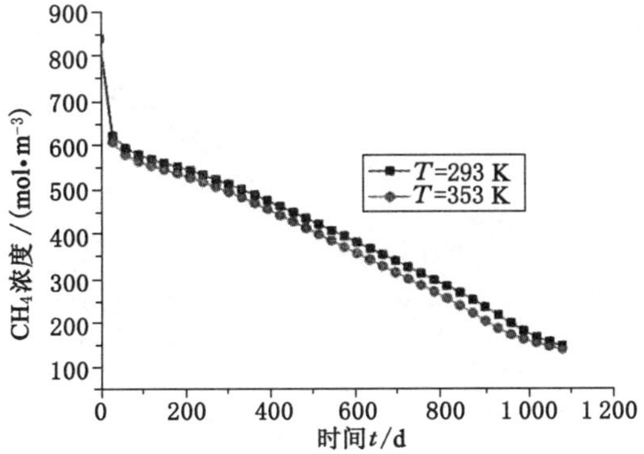

图 7-35　煤层中点 B(5,5)CH_4浓度随时间变化曲线

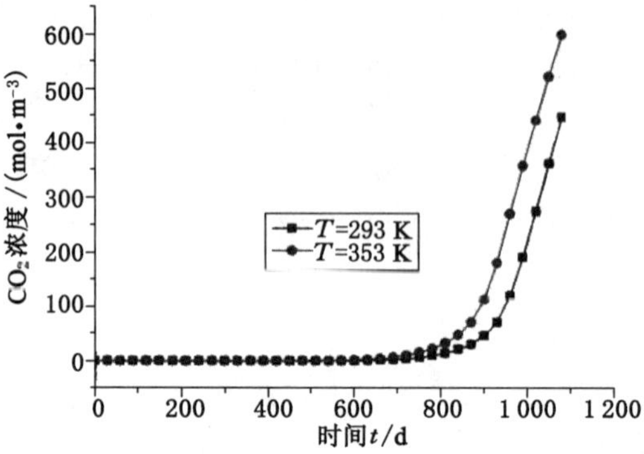

图 7-36　煤层中点 $B(5,5)CO_2$浓度随时间变化曲线

不同生产井温度,发现随着温度上升,CH_4 浓度下降,原因在于温度促使CH_4 解吸,增加储层压力梯度,加速CH_4 运移,使储层CH_4 浓度降低。

由图 7-36 可知:点 $B(5, 5)$生产 800 d 之前CO_2 浓度几乎接近于 0;800 d 之后,浓度迅速增加,生产 1 080 d 时约为 600 mol/m^3。对比不同生产井温度,发现点 $B(5,5)CO_2$ 浓度随着生产井温度提高而增加。其原因在于:生产井距CO_2注入点比较远,初始热传导几乎不受温度影响;但随着注入气体和热传导过程进行,CO_2 浓度受温度影响,温度升高促使吸附CO_2 解吸,变为游离态,同时亦增加储层压力梯度,影响CO_2 运移速度,从而进一步促使游离CO_2 浓度提高。

7.3.5　温度对煤层气产量及 CO_2注入率的影响

(1) 温度对煤层气产量的影响

图 7-37 是不同注入温度下CH_4 累计产量演化曲线,表 7-4 是CH_4 累计产量。从图表可以看到生产井温度增加CH_4 累计产量增加:生产 360 d,T=293 K

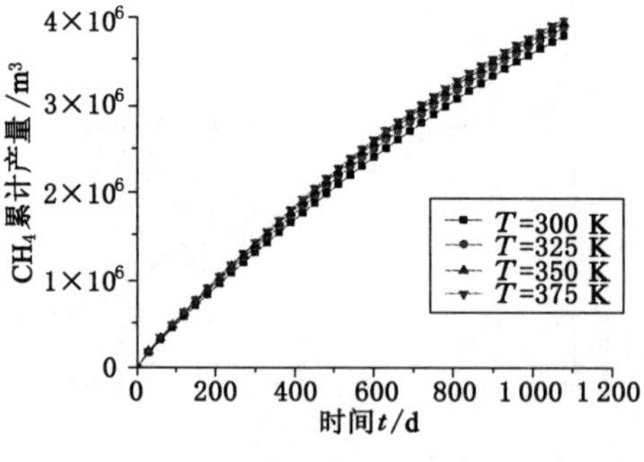

图 7-37　方案 2 中CH_4 累计产量演化曲线

时，CH_4 累计产量为 1 551 643 m^3，而当 $T=353$ K 时，CH_4 累计产量为 1 702 516 m^3，增产 10%；生产 1 080 d，$T=293$ K 时，CH_4 累计产量为 3 798 075 m^3，而当 $T=353$ K 时，CH_4 累计产量为 4 006 000 m^3，增产 5%。

表 7-5　　方案 2 中 CH_4 累计产量

时间 t/d	CH_4 累计产量/m^3			
	T=293 K	T=313 K	T=333 K	T=353 K
360	1 551 643	1605 325	1 658 604	1 702 516
540	2 206 862	2 275 401	2 352 160	2 414 880
720	2 802 434	2 871 070	3 002 786	3 032 829
960	3 495 634	3 547 985	3 685 395	3 716 225
1 080	3 798 075	3 845 770	3 974 067	4 006 000

（2）温度对 CO_2 累计注入量的影响

图 7-38 是不同温度条件下 CO_2 累计注入量随时间演化曲线，表 7-5 是 CO_2 累计注入量。从图表可以看出 CO_2 注入量随温度升高略有增加：注气 360 d，$T=293$ K 时，CO_2 累计注入量为 4 243 520 kg，$T=353$ K 时，CO_2 累计注入量为 4 309 120 kg，增加注入量 1%；注气 1 080 d，$T=293$ K 时，CO_2 累计注入量为 11 962 680 kg，$T=353$ K 时，CO_2 累计注入量为 12 021 880 kg，增加注入量 0.4%。这是由于生产井离 CO_2 注入井距离远（约 212 m），因此温度对其影响很小。

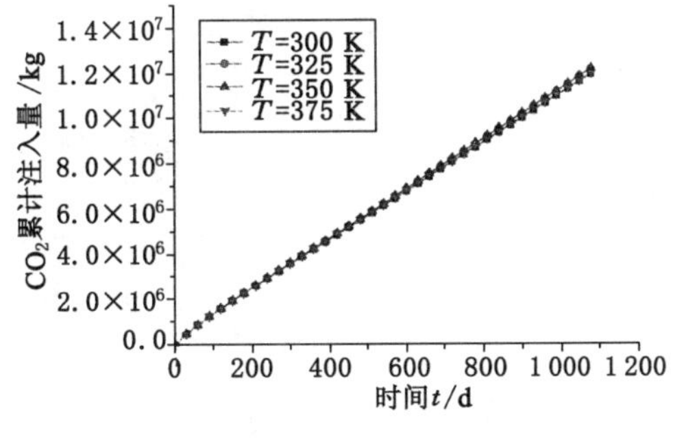

图 7-38　方案 2 中 CO_2 累计注入量曲线

表 7-6 方案 2 中 CO_2 注入量

时间 t/d	CO_2 累计注入量/kg			
	T=293 K	T=313 K	T=333 K	T=353 K
360	4 243 520	4 259 280	4 283 960	4 309 120
540	6 160 400	6 181 960	6 225 760	6 254 200
720	8 085 440	8 109 920	8 100 840	8 182 080
960	10 672 960	10 692 680	10 696 960	10 747 160
1 080	11 962 680	11 967 280	11 995 000	12 021 880

7.4 注气压力对 CO_2-ECBM 的影响

7.4.1 注气压力对渗透率影响

图 7-39 是方案 3 中生产井温度为 353 K，生产 1 080 d 时煤层渗透率沿对角线分布规律。由图可知：注气井渗透率低于生产井，且随着注气压力增加，渗透率迅速下降。这是由于煤层注入气体后，储层压力增大，导致煤吸附量增加，吸附膨胀增加，孔隙率降低，渗透率降低。压力越大，吸附膨胀越大，渗透率相应也就越低。对于生产井，注气压力比较小（如 2 MPa）时，渗透率比初始渗透率会有所增加，原因在于注气压力小，储层压力梯度小，气体运移速度慢，导致生产 1 080 d 时，生产井边气体仍以 CH_4 为主，受井边卸压影响，渗透率会高于初始渗透率；注气压力比较大（如 8 MPa）时，煤层压力梯度大，气体运移速度快，生产 1 080 d 时，已有 CO_2 运移至生产井，CO_2 与 CH_4 竞争吸附导致煤体膨胀，孔隙率减小，渗透率低于初始渗透率。

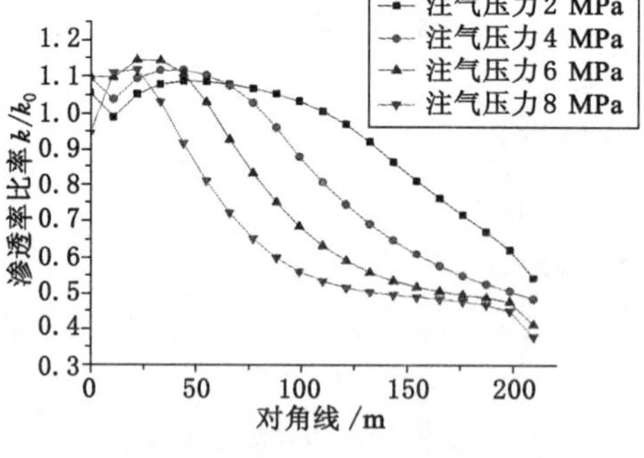

图 7-39 方案 3 中煤层渗透率比率沿对角线分布规律（t=1 080 d）

7.4.2　注气压力对气体浓度的影响

图 7-40 是方案 3 中CH_4 浓度分布云图。图中颜色不同体现出CH_4 浓度大小，箭头是CH_4 浓度梯度的相反数，可以反映出CH_4 气体运移方向。图中显示：生产相同时间，注气压力越大，煤层中游离CH_4 越少，驱替效果越好。这是两种效应竞争的结果，一方面注气压力越大，渗透率越小，相应渗流速度也就越小，这种作用对于气体运移影响较小；另一方面注气压力越大，各点对应压力梯度越大，相应渗流速度也越大，这一效应在气体运移中占主导地位。

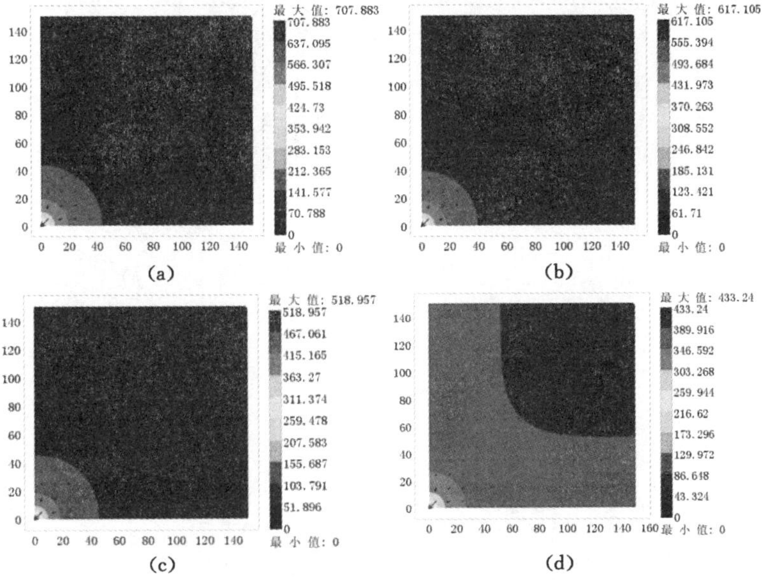

图 7-40　方案 3 中CH_4 浓度分布规律(t=1 080 d)

(a) 注气压力 2 MPa；(b) 注气压力 4 MPa；(c) 注气压力 6 MPa；(d) 注气压力 8 MPa

图 7-41 是方案 3 中生产 1 080 d 时CO_2 浓度分布云图。图中颜色不同体现出CO_2 浓度大小，箭头是CO_2 气体运移方向。图中显示，生产相同天数，注气压力越大，煤层中CO_2 浓度越高，注气压力越大，CO_2 影响的范围也就越广。

图 7-42 是方案 3 中生产 1 080 d 时CH_4 浓度沿模型对角线分布曲线。图中显示：生产相同时间，注气压力越大，煤层中游离CH_4 成比例越少。采用 2 MPa 注气压力，生产 1 080 d，距生产井 25 m，浓度下降至 600 mol/m^3，距生产井50 m 之外，CH_4 浓度保持在 670 mol/m^3；采用 8 MPa 注气压力，生产同样天数，距生产井 25 m，浓度下降至 140 mol/m^3，25 m 之外，其浓度沿对角线方向逐渐增加。由此可见，增加注气压力可大大提高注气驱替效率。

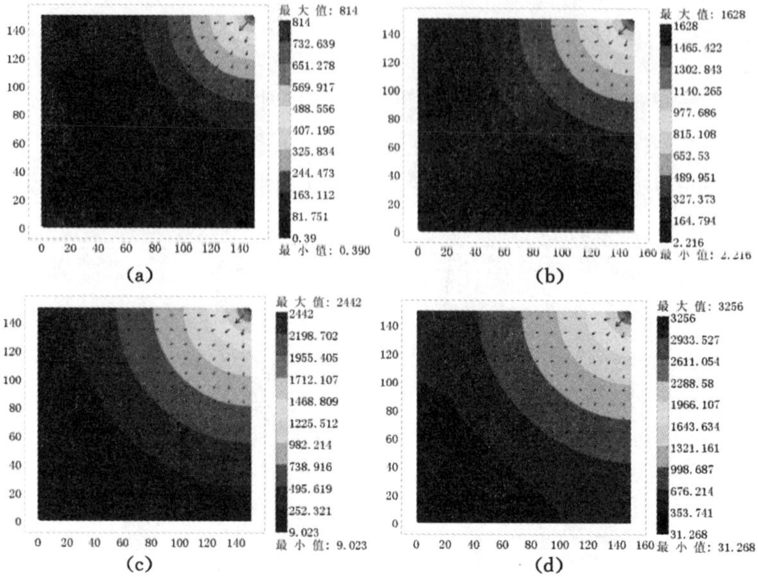

图 7-41　方案 3 中CO_2 浓度分布云图(t=1 080 d)

(a) 注气压力 2 MPa;(b) 注气压力 4 MPa;(c) 注气压力 6 MPa;(d) 注气压力 8 MPa

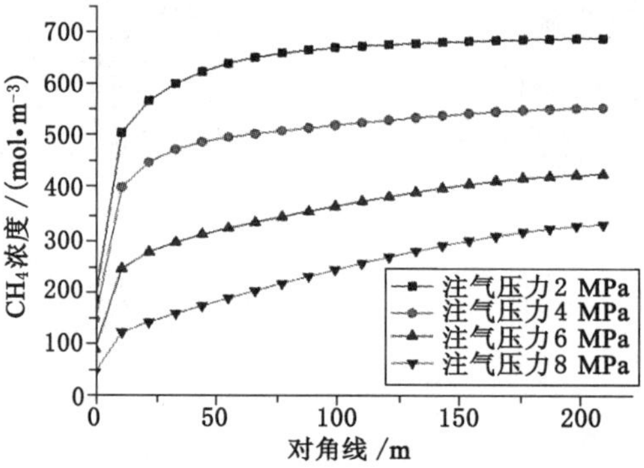

图 7-42　方案 3 中CH_4 浓度沿模型对角线分布规律(t=1 080 d)

图 7-43 是方案 3 中生产 1 080 d 时CO_2 浓度沿模型对角线分布曲线。图中显示:生产相同时间,注气压力越大,煤层中游离CO_2 浓度越高。采用 2 MPa注气压力,生产 1 080 d,注气井初始浓度约为 840 mol/ m^3,影响范围大约为 120 m,距注气井 120 m 以外CO_2 浓度为 0;注气压力为 6 MPa 时,生产 1 080 d,已有气体运移至生产井;注气压力为 8 MPa 时,同样生产时间,注气

井气体CO_2 浓度约 3 256 mol/m³，生产井附近CO_2 浓度大约为 1 000 mol/m³。这是由于注气压力越大，CO_2 从裂隙中扩散到孔隙中速度越快，对孔隙中的CH_4 驱替越彻底。

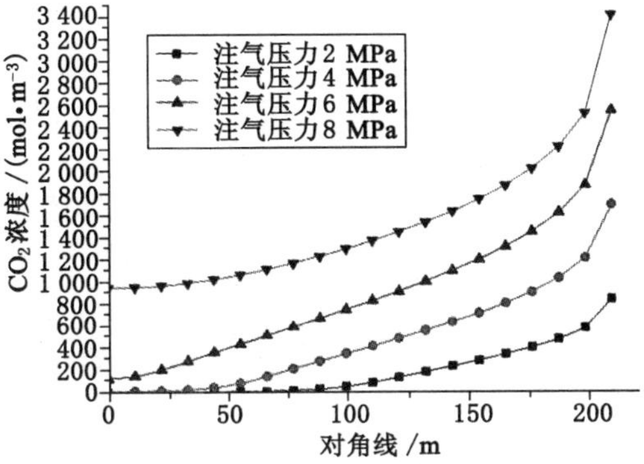

图 7-43　方案 3 中CO_2 浓度沿模型对角线分布规律(t=1 080 d)

7.4.3　注气压力对煤层气产量及 CO_2 注入率的影响

图 7-44 是方案 3 中CH_4 累计产量曲线，表 7-7 是 CH_4 累计产量。图表显示：注气压力越大，生产相同时间CH_4 产量越大。采用 2 MPa 注气压力，生产 360 d，CH_4 累计产量为 514 419.2 m³，生产 1 080 d，CH_4 累计产量为1 316 712 m³；采用 8 MPa 注气压力，生产 360 d，CH_4 累计产量为 1 702 516 m³，是前者产量的 3.3 倍，而生产 1 080 d，CH_4 累计产量为 4 006 000 m³，是前者产量的 3 倍。由此可见，增加注气压力可大大提高煤层CH_4 同期产量，提高生产效率。

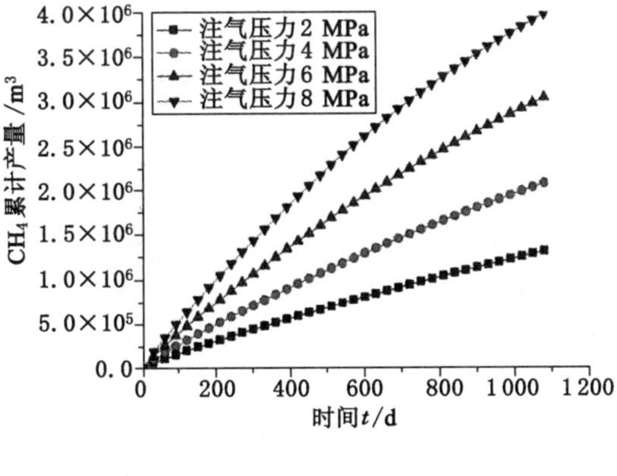

图 7-44　方案 3 中CH_4 累计产量

图 7-45 是方案 3 中CO_2 累计注入量曲线，表 7-8 是 CO_2 累计注入量。图表显示：注气压力越大，生产相同时间CO_2 累计注入量越大。采用 2 MPa 注气压力，生产 360 d，CO_2 累计注入量为 425 430.2 kg，生产 1 080 d，CO_2 累计注入量为 1 152 670 kg；采用 8 MPa 注气压力，生产 360 d，CO_2 累计注入量为4 309 120 kg，生产 1 080 d，CO_2 累计注入量为 12 021 880 kg，是前者CO_2 累计注入量的 10 倍。由此可见，增加注气压力可极大提高CO_2 地质封存速率。

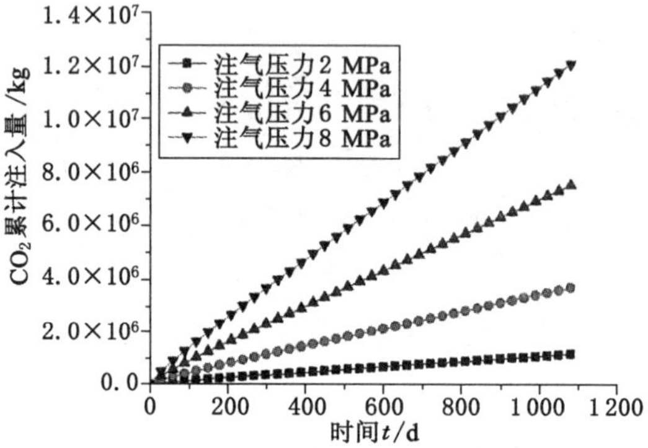

图 7-45　方案 3 中CO_2 累计注入量

表 7-7　　方案 3 中CH_4 累计产量

时间 t/d	CH_4 累计产量/m^3			
	注气压力 2 MPa	注气压力 4 MPa	注气压力 6 MPa	注气压力 8 MPa
360	514 419.2	831 726.8	1 251 041	1 702 516
540	732 668.9	1 183 885	1 778 379	2 414 880
720	939 170.8	1 509 702	2 246 034	3 032 829
960	1 196 054	1 900 005	2 798 248	3 716 225
1 080	1 316 712	2 077 179	3 041 359	4 006 000

表 7-8　　方案 3 中CO_2 累计注入量

时间 t/d	CO_2 累计注入量/kg			
	注气压力 2 MPa	注气压力 4 MPa	注气压力 6 MPa	注气压力 8 MPa
360	425 430.2	1 332 089	2 691 201	4 309 120
540	611 435.1	1 923 870	3 897 003	6 254 200
720	794 393.4	2 510 848	5 107 600	8 182 080
960	1 034 502	3 289 100	6 712 864	10 747 160
1 080	1 152 670	3 676 637	7 522 720	12 021 880

7.5　本章小结

本章以沁水盆地煤层注气增产试验为工程背景，利用所建立 CO_2-ECBM 数学模型，对在煤层中注 CO_2 提高煤层气产量进行了模拟研究，得到结论如下：

（1）直接开采和注气驱替开采煤层的力学响应不同。直接开采煤层气时，气体解吸使煤基质块收缩，煤层渗透率略微增加；而注气驱替开采煤层气时，CO_2 吸附后煤基质的膨胀效应大于 CH_4 解吸后煤基质的收缩效应，因此 CO_2 注入后煤层渗透率逐渐下降。

（2）煤层压力梯度是煤层气产出速率的决定因素之一。直接开采模型中，由于沁水盆地煤层储层压力较小，直接开采过程中煤层各点压力梯度小，气体产出速率较慢；注入 CO_2 后，煤层中的总压力增大，与生产井之间的压力梯度增加，煤层气渗流速度明显增大。从模拟结果来看，开采 10 a 后，注气驱替开采的煤层气总量为直接开采的 4.6 倍，与现场实验的结果一致。

（3）储层温度的变化对 CO_2-ECBM 有一定的影响。生产井温度增高，热量由生产井向周围传播，导致储层温度随时间空间发生变化。这种变化通过改变储层力学性质影响 CH_4 产量和 CO_2 注入量。模拟结果研究表明：随着生产井温度升高，促使甲烷从煤基质解吸扩散、向裂隙渗流，CH_4 产量有所增加。

（4）煤层渗透率受变形作用、孔隙压力、吸附变形、温度共同影响。一方面，温度增加产生热应力会促使渗透率降低；而另一方面，温度增加促使煤层 CH_4 解吸提高孔隙压力、减小吸附变形而使渗透率增加。根据沁水盆地煤层特征，热应力对渗透率变化在此处起主导作用，导致渗透率降低。

（5）注气压力对 CO_2-ECBM 影响明显，增加注气压力可以显著提高 CH_4 产量和 CO_2 注入量。这是由于注气压力越大，相应的储层压力梯度越大，渗流速度也就越大，加快 CH_4 向生产井运移，提高产气速率。注气压力增加的同时 CO_2 气体渗流速度增加，在生产相同的时间条件下，能够增加 CO_2 注入量。

第8章 主要结论

我国煤层气储量丰富，煤层气的开采不仅可以缓解我国能源紧缺的局面，而且可以保护环境和防治瓦斯灾害。目前，煤层气的“高储低渗”的特点一直制约着我国煤层气产业的发展。如何提高低渗透煤层的渗透率从而提高开采效益，是煤层气开采工业化至关重要的问题。注热和注气驱替煤层气是学术界普遍认同的两种煤层气强化开采方式，很有可能成为未来煤层气资源开采的重要方法；但现有试验和理论都不是很完善，很多问题有待于深入研究。本书基于热力学、弹性力学、渗流力学等多学科理论对温度影响下煤层气赋存运移变化规律以及注热和注气驱替煤层气热-流-固耦合机制和规律进行了系统的研究。主要研究内容如下：

(1) 借助温度对煤层气吸附特性实验研究，得到吸附参数随温度变化的规律。依据煤体总应变是热膨胀应变、游离煤层气压力压缩煤体骨架引起的应变、吸附煤层气膨胀引起的应变和外应力导致的煤体应变之和，提出了热-流-固耦合本构方程；根据热-流-固耦合本构方程以及弹性力学的几何方程、平衡方程建立了含瓦斯煤变形控制方程；根据达西渗流定律以及质量守恒方程建立了含瓦斯煤气体运移控制方程；根据能量守恒方程建立了含瓦斯煤温度场方程。

(2) 含瓦斯煤孔隙系统包含裂隙系统和基质孔隙系统的双重孔隙结构。针对裂隙和基质孔隙系统之间的相互作用，建立了适合各自特点的基质和裂隙动态孔隙率和渗透率模型，总渗透率是两者之和。将动态孔隙率和渗透率方程代入气体运移控制方程，得到含吸附效应、煤体变形、温度影响的煤层气流动控制方程，将动态孔隙率、渗透率模型代入温度场控制方程，得到煤层气温度场控制方程。从而获得含双重效应的煤层气热-流-固耦合控制方程。

(3) 利用煤层气热-流-固耦合方程对煤层气的开采进行了模拟研究，研究了煤层温度、地应力、煤层模量、裂隙发育程度以及弹性模量的衰减率对煤层气开采效果的影响。研究表明：

① 煤层温度越高，煤层气开采效率越低。这是由于煤层温度越高，温度促使吸附态气体解吸，则游离态煤层气浓度也就越高；同时温度越高，煤体的吸附变形越小，煤体中的孔隙率和裂隙开度越大，煤体的渗透率也越大，煤层气产出

速率越大。

② 地应力越大，煤层气开采效率越高。这是由于地应力的增加导致煤体中的孔隙和裂隙闭合，造成渗透率降低，则煤层气产出速率越小。

③ 煤层弹模越小，煤层气开采效率越高。这是由于煤层弹模越小，煤体的储存系数和孔隙的渗透率越大，渗透率增加和较大的储存系数会提高煤层气开采效率。

④ 煤层裂隙越发育，煤基质尺寸越小，煤层气开采效率越高。这是由于煤基质尺寸越小，裂隙的初始渗透率越大，煤层气运移速率就越大，煤层气开采效率越高。

⑤ 煤层的弹性模量衰减率 R_m 越小，煤层气开采效率越高。这是由于弹性模量衰减率决定煤层渗透率，R_m 越小，煤体渗透率越大，煤层气开采效率越高。

(4) 将热-流-固耦合数学模型应用到注热开采煤层气中，建立三维数值模型模拟，分析了注热对煤层气产出速率、孔隙压力分布、渗透率变化的影响。研究发现提高煤层温度，可以促进气体解吸作用的进行、提高煤层的渗透率，从而提高煤层气开采效率。

(5) 根据CO_2-ECBM 过程的热-流-固场耦合效应，建立了双重孔隙介质二元气体动态渗透率方程；根据CO_2-ECBM 二元气体特点以及温度场效应，建立了针对CO_2-ECBM 的含瓦斯煤本构方程；在此基础上建立了CO_2-ECBM 过程煤层变形控制方程；根据流体的二元气体对流弥散方程、达西渗流定律，建立了二元气体运移控制方程；根据能量守恒定律，建立了二元气体的温度场控制方程。以CO_2-ECBM 实验为依据，设定模拟参数和条件，对CO_2-ECBM 进行数值求解，发现模拟结果与实验吻合，证明此处所建数学模型可以用于模拟CO_2-ECBM 过程。

(6) 以沁水盆地CO_2-ECBM 先导试验为背景，利用所建热-流-固耦合数学模型对CO_2-ECBM 进行了模拟研究。

① 对比直接开采与 CO_2-ECBM 两种煤层气开采方式，发现：直接开采，随着时间增加，气体解吸，在压力梯度作用下向生产井运移，但气体产出速率小；对于 CO_2-ECBM，随着时间增加，CO_2 和 CH_4 在煤体孔隙中竞争吸附引起煤基质膨胀，虽会使渗透率下降，但注入 CO_2后，煤层中的总压力增加，大大增加了煤层压力梯度，提高了煤层气的开采效率。从累计开采 10 a 的 CH_4 产量来看，CO_2-ECBM为直接开采的 4.6 倍。

② 研究温度对于 CO_2-ECBM 过程的影响，发现：温度影响范围随生产时间的增加而扩大，随生产井温度的提高而扩大。在温度影响的区域内，提高生产井温度，可以降低游离 CH_4 浓度，提高游离 CO_2 浓度。这是由于：温度提高可以促

使 CH_4 解吸，从而提高 CH_4 运移速率，降低储层 CH_4 浓度。温度提高也可促使 CO_2 解吸，提高 CO_2 运移速率，提高储层 CO_2 浓度。温度增加，渗透率降低。这是由于渗透率受煤层变形、孔隙压力、吸附变形、温度共同影响。温度增加产生热应力促使渗透率降低；温度提高促使煤层 CH_4 解吸提高孔隙压力，影响煤层有效应力而促使渗透率增加；温度升高促使气体解吸、减小吸附变形而使渗透率增加。渗透率变化是这几种效应综合影响的结果。对于沁水盆地地质条件，热应力对渗透率变化在此处起主导作用，导致渗透率降低。随着生产井温度升高，CH_4 产量有所增加，原因在于温度提高可促使甲烷从煤基质解吸扩散、向裂隙渗流。

③ 注气压力对 CO_2-ECBM 过程影响明显，增加注气压力可以显著提高 CH_4 产量，以及 CO_2 累计注入量。这是由于注气可以提高储层压力梯度，注气压力越大，储层压力梯度越大，渗流速度也就越大。CH_4 气体渗流速度的提高可以加快其向生产井运移，提高产气速率。同时 CO_2 气体渗流速度的提高也能够提高其注气速率，在生产相同的时间条件下，增加 CO_2 封存量。

参考文献

[1] 孙茂远.中国煤层气产业现状与远景[J].中国煤层气,2005,2(3):3-5.

[2] 周世宁,林柏泉.煤层气赋存与流动理论[M].北京:煤炭工业出版社,1999.

[3] 联合国.《联合国气候变化框架公约》京都议定书[R].1998.

[4] 中国能源开发进入新阶段:访中联公司董事长陈明和[J].中国煤层气,1996,19(1):13-14.

[5] CAO Yunxing, HE Dingdong, GLICK D C. Coal and gas outbursts in footwalls of reverse faults [J]. International Journal of Coal Geology, 2001, 48(1):47-63.

[6] 赵庆波,陈刚,李贵中.中国煤层气富集高产规律、开采特点及勘探开发适用技术[J].天然气工业,2009,29(9):13-19.

[7] 中国煤田地质总局.中国煤层气资源[M].徐州:中国矿业大学出版社,1998.

[8] 孙培德.应用菲克方法研究煤层内瓦斯流动规律[J].瓦斯地质,1986 (1):36-45.

[9] 张亚蒲,杨正明,鲜保安.煤层气增产技术[J].特种油气藏,2006,13(1):95-98.

[10] 宋岩,张新民,柳少波.中国煤层气基础研究和勘探开发技术新进展[J].天然气工业,2005(1):1-7.

[11] 饶孟余,张遂安,商昌盛.提高我国煤层气采收率的主要技术分析[J].中国煤层气,2007, 4(2):12-16.

[12] 张洪涛,文冬光,李义连,等.中国 CO_2 地质埋存条件分析及有关建议[J].地质通报,2005,24(12):1107-1110.

[13] ZHANG Y, OLDENBURG C M, FINSTERLE S, et al. System-level modeling for economic evolution of geological CO_2 storage in gas reservoirs [J]. Energy Conversion and Management,2007,48:1827-1833.

[14] 叶建平,冯三利,范志强,等.沁水盆地南部注 CO_2 提高煤层气采收率微型先导性试验研究[J].石油学报,2007,28(4):77-80.

[15] 吴世跃,郭勇义.注气开采煤层气增产机制的研究[J].煤炭学报,2001,26(2):199-203.
[16] 周世宁,孙辑正.煤层气流动理论及其应用[J].煤炭学报,1965,2(1):24-36.
[17] 郭勇义,周世宁.煤层气一维流场流动规律的完全解[J].中国矿业学院学报,1984,2(2):19-28.
[18] 孙培德.煤层气流动方程补正[J].煤田地质与勘探,1993,21(5):61-62.
[19] 余楚新,鲜学福,谭学术.煤层气流动理论及渗流控制方程研究[J].重庆大学学报,1989,12(5):1-9.
[20] 彼特罗祥.矿井沼气涌出[M].宋世钊,译.北京:煤炭工业出版社,1983.
[21] 孙培德.煤层瓦斯流场流动规律的研究[J].煤炭学报,1987,12(4):74-82.
[22] 罗新荣.煤层气运移物理模拟与理论分析[J].中国矿业大学学报,1991,20(3):36-42.
[23] SOMERTON W H, SOYLEMEZOGLU I M, DUDLEY R C. Effect of stress on permeability of coal [J]. Int J Rock Mech Min Sci & Geomech Abstr,1975,12(2):151-158.
[24] HARPALANI S, MOPHERSON M J. The effect of gas evacation on coal permeability test specimens [J]. Int J Rock Mech Min Sci & Geomech Abstr, 1984, 21(2):361-364.
[25] HARPALANI S. Gas flow through stressed coal[D]. Berkeley:University of California-Berkeley,1985.
[26] GAWUGA J. Flow of gas through stressed carboniferous strata[D]. Nottingham,UK:University of Nottingham,1979.
[27] 刘保县,鲜学福,徐龙君,等.地球物理场对煤吸附瓦斯特性的影响[J].重庆大学学报,2000,23(5):78-81.
[28] 易俊,姜永东,鲜学福.应力场、温度场瓦斯渗流特性实验研究[J].中国矿业,2007,16 (5):113-116.
[29] 王宏图,李晓红,鲜学福,等.地电场作用下煤中甲烷气体渗流性质的实验研究[J].岩石力学与工程学报,2004,23(2):303-306.
[30] 王宏图,杜云贵,鲜学福,等.地球物理场中的煤层瓦斯渗流方程[J].岩石力学与工程学报,2002,21(5):644-646.
[31] 王宏图,杜云贵,鲜学福,等.受地应力、地温和地电效应影响的煤层瓦斯渗流方程[J].重庆大学学报,2000,23(增刊1):47-49.
[32] 赵阳升,段康廉,胡耀青,等.块裂介质岩石流体力学研究新进展[J].辽宁

工程技术大学学报:自然科学版,1999,18(5):459-462.

[33] SAWYER W K, GPAUL G W,SCHRAUFNAGEL R A. Development and application of a 3D coalbed simulator[C]//CIM/SPE: International Technical Meeting Hosted Jointly by the Petroleum Society of CIM and the Society of Petroleum Engineers. Calgary, Alberta, Canada, 1990:90-119.

[34] SEIDLE J P, HUITT L G. Experimental measurement of coal matrix shrinkage due to gas desorption and implications for cleat permeability increases[C]//International Meeting on Petroleum Engineering. Beijing, China,1995:575-582.

[35] PALMER I, MANSOORI J. How permeability depends on stress and pore pressure in coalbeds: a new model[C]//SPE 52607. SPE Reserv Eval Eng Denver, USA,1998: 539-544

[36] SHI J Q, DURUCAN S. Changes in permeability of coalbeds during primary recovery. Part 1. Model formulation and analysis[C]//Proceedings of the 2003 International Coalbed Methane Symposium. University of Alabama, Tuscaloosa, Alabama,USA,2003:5-9.

[37] CUI X, BUSTIN R M. Volumetric strain associated with methane desorption and its impact on coalbed gas production from deep coal seams [C]//AAPG Bull, USA: The American Association of Petroleum Geologists,2005:1181-1202.

[38] ROBERTSON E P, CHRISTIANSEN R L. Modeling permeability in coal using sorption-induced strain data [C]//Proceedings of the 2005 SPE Annual Technical Conference and Exhibition. Dallas,Texas,USA, 2005: 9-12.

[39] ZHANG H B, LIU J S,ELSEORTH D. How sorption-induced matrix deformation affects gas flow in coal seams: a new FE model[J]. International Journal of Rock Mechanics and Mining Sciences, 2008, 45 (8): 1226-1236.

[40] WU Y,LIU J S,ELSEORTH D,et al. Dual poroelastic response of a coal seam to CO_2 injection[J]. International Journal of Greenhouse Gas Control, 2010,4(4):668-678.

[41] LIU J, CHEN Z W, ELSEORTH D,et al. Linking gas-sorption induced changes in coal permeability to directional strains through a modulus re-

duction ratio[J]. Int J Coal Geol, 2010,83(1):21-30.

[42] TERZAGHI K. Principles of soil mechanics: IV settlement and consolidation of clay. Engineering News Record [M] . New York: McGraw-Hill,1925.

[43] TERZAGHI K. Theoretical soil mechanics[M]. New York:John Wiley and Sons Inc,1943.

[44] BIOT M A. General theory of three dimensionalconsolidation[J]. J Appl Phys,1941,12(5):155-164.

[45] BIOT M A. General solution of the equation of elasticity and consolidation for a porous material[J]. J Appl Mech,1956,27 (3):91-96.

[46] BIOT M A. Theory of elasticity and consolidation for a porous anisotropic solid[J]. J Appl Phys,1955,26(2):182-191.

[47] BIOT M A. Theory of stress strain relations in anisotropic viscoelasticity and relaxation phenomena[J]. J Appl Phys,1954,25(11):1385-1391.

[48] LITWINISZYN J A. Model for the initiation of coal-gas outbursts[J]. Int J Rock Mech Min Sci & Geomech Abstr,1985,22(1):39-46.

[49] VALLIAPPAN S, ZHANG W H. Numerical modeling of methane gas migration in dry coal seams[J]. International Journal for Numerical and Analytical Methods in Geomechanics, 1996, 20(8):571-593.

[50] ZHAO Y S, QING H Z, BAI Q Z. Mathematical model for solid-gas coupled problems on methane flowing in coal seam[J]. Acta Mechanica Solida Sinica,1993,6(4):459-466.

[51] 赵阳升.煤体-瓦斯耦合数学模型及数值解法[J].岩石力学与工程学报,1994,13(3):220-239.

[52] 梁冰,章梦涛,王泳嘉.煤层瓦斯渗流与煤体变形的耦合数学模型及数值解法[J].岩石力学与工程学报,1996,15(2):135-142.

[53] 杨天鸿,徐涛,刘建新,等.应力-损伤-渗流耦合模型及在深部煤层瓦斯卸压实践中的应用[J].岩石力学与工程学报,2005,24(16):2900-2905.

[54] BEAR J, CORAPCIOGLU M Y A. Mathematical model for consolidation in thermoelastic require due to hot water injection or pumping [J] . Water Resource Res,1981,17:723-736.

[55] LEWIS R W, SUKIRMAN Y. Finite element modeling of three-phase flow in deforming saturated oil reservoirs[J]. Int J Num Anal Methods Geomech,1993,17:577-598.

[56] LEWIS R W. Finite element modeling of two phase heat and fluid flow in deforming porous media[J]. Trans Porous Media,1989(4):319-334.

[57] GUTIERREZ M, MAKURAT. A coupled HTM modeling of cold-water injection in fractured hydrocarbon reservoirs[J]. Int J Rock Mech Min Sci & Geomech Abstr,1997,34(3/4):429-434.

[58] 王自明,杜志敏.弹性油藏中多相渗流的流-固-热耦合数学模型[J].大庆石油地质与开发,2003,22(1):29-31.

[59] 孔祥言,李道伦,徐献芝,等.热-流-固耦合渗流的数学模型研究[J].水动力学研究与进展,2005,20(2):269-275.

[60] 盛金昌,廖秋林,刘继山,等.基于FEMLAB的钻井过程中流固热耦合响应分析[J].工程力学,2008,25(2):219-223.

[61] 张群.煤层气储层数值模拟模型及应用研究[D].北京:煤炭科学研究总院,2003.

[62] 刘建军,刘先贵.煤储层流固耦合渗流的数学模型[J].焦作工学院学报,1999,18(6):397-401.

[63] 孙艳玲,桂祥友.煤矿热害及其治理[J].辽宁工程技术大学学报,2003,22(增刊1):35-37.

[64] 梁冰,刘建军,王锦山.非等温情况下煤和瓦斯固流耦合作用的研究[J].辽宁工程技术大学学报,1999,18(5):483-486.

[65] 梁冰,刘建军,范厚彬,等.非等温条件下煤层中瓦斯流动数学模型及数值解法[J].岩石力学与工程学报,2000,19(1):1-5.

[66] 刘建军,梁冰,章梦涛.非等温条件下煤层瓦斯运移规律的研究[J].西安矿业学院学报,1999,19(4):302-308.

[67] 刘建军.煤层气热-流-固耦合渗流的数学模型[J].武汉工业学院学报,2002(2):91-94.

[68] 郭永存,王仲勋,胡坤.煤层气两相流阶段的热-流-固耦合渗流数学模型[J].天然气工业,2008,28(7):73-74.

[69] 杨新乐,张永利.气固耦合作用下温度对煤瓦斯渗透率影响规律的实验研究[J].地质力学学报,2008,14(4):374-380.

[70] 杨新乐,张永利,李成全,等.考虑温度影响下煤层气解吸渗流规律试验研究[J].岩土工程学报,2008,30(12):1811-1814.

[71] 李志强,鲜学福.煤体渗透率随温度和应力变化的实验研究[J].辽宁工程技术大学学报:自然科学版,2009,28(增刊1):156-159.

[72] 陶云奇,许江,李树春,等.煤层瓦斯渗流特性研究进展[J].煤田地质与勘

探,2009,37(2):1-5.

[73] 张琪. 采油工程原理与设计[M]. 东营:石油大学出版社,2001.

[74] 周世宁,林柏泉. 煤层瓦斯赋存与流动理论[M]. 北京:煤炭工业出版社,1999.

[75] 程瑞端,陈海焱,鲜学福,等. 温度对煤样渗透系数影响的实验研究[J]. 煤炭工程师,1998(1):13-15.

[76] 李志强,鲜学福,姜永东,等. 地球物理场中煤层气渗流控制方程及其数值解[J]. 岩石力学与工程学报,2009,28(增刊1):3226-3233.

[77] 胡耀青,赵阳升,杨栋,等. 温度对褐煤渗透特性影响的试验研究[J]. 岩石力学与工程学报,2010,29(8):1585-1594.

[78] 冯子军,万志军,赵阳升,等. 高温三轴应力下无烟煤、气煤煤体渗透特性的试验研究[J]. 岩石力学与工程学报,2010,29(4):696-670.

[79] 陶云奇,许江,程明俊,等. 含瓦斯煤渗透率理论分析与试验研究[J]. 岩石力学与工程学报,2009,28(增刊1):3363-3370.

[80] REEVES S R. The coal-seq project: key results from field, laboratory, and modeling studies[C]// 7th International Conference on Greenhouse Gas Control Technologies, GHGT-7. Vancouver, BC, Canada: 2004: 5-9.

[81] REEVES S R A, TAILLEFERT L, et al. The allison unit CO_2-ECBM pilot: a reservoir modeling study[C]// Advanced Resources International, Topical Report, DOE Contract, USA, 2003.

[82] REEVES S R, OUDINOT A Y, ERICKSON D. The tiffany unit N_2-ECBM pilot: a reservoir modeling study[C]// Advanced Resources International, Topical Report, DOE Contract, USA, 2004.

[83] REEVES S R. Identifying reservoir environments and pattern configurations for successful ECBM/sequestration projects[C]// Presented at the Coal-Seq IV Forum. Denver, Colorado, USA, 2005.

[84] MAVOR M, GUNTER W D, Robinson J R. Alberta multi-well micro-pilot testing for CBM properties, enhanced recovery and CO_2 storagepotential[J]. Paper SPE 90256 Presented at the SPE Annual Conference and Exhibition. Houston, Texas, USA: 2004: 26-29.

[85] 中联煤层气有限责任公司,艾伯塔研究理事会. 中国CO_2注入提高煤层气采收率试验性先导技术[M]. 北京:地质出版社,2008.

[86] VAN BERGEN F, et al. Development of a field experiment of ECBM in

the Upper Silesian Coal Basin of Poland[C]//Proceedings, 2003 International Coalbed Methane Symposium. Tuscaloosa, Alabama,USA,2003.

[87] PAGNIER H J M, BERGEN F, KREFT E,et al. Field experiment of CO_2-ECBM in the Upper Silessian Basin of Poland [C] // Society of Petroleum Engineering. SPE Europec/EAGE Annual Conference. Madrid, Spain, 2005:1-3.

[88] SHI J Q, DURUCAN S,FUJIOKA M. A reservoir simulation study of CO_2 injection and N_2 flooding at the Ishikari coalfield CO_2 storage pilot project, Japan[J]. Int J Greenhouse Gas Control, 2008,2(1):47-57.

[89] 叶建平,冯三利,范志强.沁水盆地南部注 CO_2 提高煤层气采收率微型先导性试验研究[J].石油学报,28(4):77-80.

[90] 李希建,蔡立勇,常浩.注气驱替煤层气作用机理的探讨[J].矿业快报,2007(8):20-22.

[91] STANTON R, FLORES R, WARWICK P D,et al. Coalbed sequestration of carbon dioxide[C]//1st National Conference on Carbon Sequestration. Washington, USA,2001.

[92] 张庆玲,张群,崔永君,等.煤对多组分气体吸附特征研究[J].天然气工业,2005,25(1):57-60.

[93] GRUSZKIEWICZ M S, NANEY M T. Adsorption kinetics of CO_2, CH_4, and their equimolar mixture on coal from the Black Warrior Basin, West-Central Alabama[J]. International Journal of Coal Geology, 2009, 77(7):23-33.

[94] 崔永君,张群,张泓,等.不同煤级煤对 CH_4、N_2 和 CO_2 单组分气体的吸附[J].天然气工业,2005,25(1):61-65.

[95] OZDEMIR E. Modeling of coal bed methane (CBM) production and CO_2 sequestration in coal seam[J]. International Journal of Coal Geology, 2009,77(7):145-152.

[96] OZDEMIR E, SCHROEDER K. Effect of moisture on adsorption isotherms and adsorption capacities of CO_2 on coals[J]. Energy Fuels, 2009, 23:2821-2831.

[97] SETO C J, JESSEN K, ORR F M Jr. Compositional streamline simulation of field-scale condensate vaporization by gas injection[C]// Paper SPE 79690 Presented at the 2003 SPE Reservoir Simulation Symposium. Houston, USA,2003.

[98] 郑爱玲,王新海,刘德华. 注气驱替煤层气数值模拟研究[J]. 石油钻探技术,2006,31(2):55-57.
[99] 孙可明. 低渗透煤层气开采与注气增产流固耦合理论及其应用[D]. 阜新:辽宁工程技术大学,2004.
[100] 白冰. CO_2煤层封存流动:力学理论及场地力学稳定性数值模拟方法[D]. 武汉:中国科学院武汉岩土力学研究所,2008.
[101] 杨宏民, 魏晨慧, 王兆丰,等. 基于多物理场耦合的井下注气驱替煤层甲烷的数值模拟[J] . 煤炭学报,2010,35(增刊 1):109-114.
[102] CHEN Z W, LIU J H, ELSWORTH D, et al. Impact of CO_2 injection and differential deformation on CO_2 injectivity under in-situ stress conditions[J]. Int J Coal Geol, 2010, 81:97-108.
[103] BARENBLATT E, ZHELTOV I P, KOCHINA I N. Basic concepts in the theory of seepage of homogeneous liquids in fissured rocks[J]. Prikl Mat Mekh, 1960, 24(5):852-864.
[104] WARREN J E, ROOT P J. The behavior of naturally fractured reservoirs[J]. Society of Petroleum Engineering, 1963, 3:245-255.
[105] KAZEMI H, SETH M S, THOMAS G W. The interpretation of interference tests in naturally fractured reservoirs with uniform fracture distribution[J]. Society of Petroleum Engineers Journal, 1969, 9(4):463-472.
[106] DE SWANN A. Analytical solutions for determining naturally fractured reservoir properties by well testing[J]. Soc Petrol Eng J, 1977(16):117-122.
[107] LANGMUIR I. The adsorption of gases on plane surfaces of glass, mica and platinum[J]. J Am Chem Soc, 1918, 40:1361-1403.
[108] 俞启香. 矿井瓦斯防治[M]. 徐州:中国矿业大学出版社,1994.
[109] Ходот В В. Внезапныевыбросыугольигаза, Государственноенаучно-техничеиздательс тво лите ратурыпого рномуделу[M]. Москва, 1961.
[110] 崔永君,张庆玲,杨锡禄. 不同煤的吸附性能及等量吸附热的变化规律[J]. 天然气工业,2003,23(4):130-131.
[111] 张庆玲,崔永君,曹利戈. 煤的等温吸附试验中各因素影响分析[J]. 煤田地质与勘探,2002,30(2):16-18.
[112] 赵志根,唐修义,张光明. 较高温度下煤吸附甲烷实验及其意义[J]. 煤田地质与勘探,2001,29(4):29-31.

[113] 刘建军.非等温情况下煤层瓦斯流动规律的研究[D].阜新:辽宁工程技术大学,1998.

[114] 苏现波,林晓英,赵孟军,等.储层条件下煤吸附甲烷能力预测[J].天然气工业,2006,26(8):1-3.

[115] 张群,崔永君,钟玲文,等.煤吸附甲烷的温度-压力综合吸附模型[J].煤炭学报,2008,33(11):1272-1278.

[116] 张天军,许鸿杰,李树刚,等.温度对煤吸附性能的影响[J].煤炭学报,2009,34(6):802-805.

[117] SAGHAFI A, FAIZ M, ROBERTS D. CO_2 storage and gas diffusivity properties of coals from Sydney Basin, Australia[J]. Int J Coal Geol, 2007, 70: 240-254.

[118] 孔祥言,李道伦,徐献芝,等.热-流-固耦合渗流的数学模型研究[J].水动力学研究与进展,2005,20(2):269-275.

[119] 傅雪海,秦勇,韦重韬.煤层气地质学[M].徐州:中国矿业大学出版社,2007.

[120] DECKER A D, CLOSE J C,MCBANE R A. The use of remote sensing, curvature analysis and coal etrology as indicators of higher coal reservoir permeability[C]//Proc of the Coalbed Methane Symp. Univ of Alabama,USA,1989:1-16.

[121] MCKEE C R. Using permeability vs depth correlations to assess the potential for producing gas from coal seams[J]. Quarterly Review of Methane from Coal Seams Technology,1986,4(1):15-26.

[122] HUDSON J A, FAIRHURST C. Comprehensive rock engineering: principles, practice, and projects, Vol. II, Analysis and Design Method [M] . Oxford: Pergamon Press, 1993:113-171.

[123] GEORGE V C. Relationship between porosity,permeability, and grain size distribution of sands and sandstones[J]. Developments in Sedimentology,1964,1:71-74.

[124] LIU J S,ELSWORTH D. Evoluation of pore water pressure fluctuation around an advancing longwall panel[J]. Adv Water Res,1999,22(6):633-644.

[125] 中仿科技公司.有限元法多物理场建模与分析[M].北京:人民交通出版社,2006.

[126] RUTHVEN D M. Principles of adsorption and adsorption processes

[M]. Wiley, New York,1984.

[127] YANG R T. Gas separation by adsorption processes[M]. Butterworth, Boston, M A,1987.

[128] BUTLER J A V, OCKRENT C. Studies in electrocapillarity. Part III. The surface tensions of solutions containing two surface-active solutes [J]. J Phys Chem,1930,34:2841-2845.

[129] DO D. Adsorption analysis: equilibria and kinetics[M]. Imperial College Press, London, 1998.

[130] 章梦涛,潘一山,梁冰,等.煤岩流体力学[M].北京:科学出版社,1995.

[131] WOLF K H, HIJMAN R, BARZANDIJ O H,et al. Laboratory experiments and simulations on the environmentally friendly improvement of coalbed methane production by carbon-dioxide injection[C]// Proceedings of the Coalbed Methane Symposium. Tuscaloosa, Alabama,USA, 1999:279-290.

[132] MAZUMDER S, WOLF K H, WOLF P H. Laboratory experiments on environmental friendly means to improve coalbed methane production by carbon dioxide/flue gas injection[J]. Trans Porous Med, 2008, 75(1): 63-92.

[133] 李向东,冯启言,刘波,等.注入 CO_2 驱替煤层甲烷的试验研究[J].洁净煤技术,2009,16(2):101-102.

[134] 唐书恒,马彩霞,叶建平,等.注 CO_2 提高煤层甲烷采收率的试验模拟[J].中国矿业大学学报,2006,35(5):607-611.

[135] 梁卫国,吴迪,赵阳升. CO_2 驱替煤层 CH_4 试验研究[J].岩石力学与工程学,2010,29(4):665-673.

[136] MAZUMDER S, WOLF K H. Differential swelling and permeability change of coal in response to CO_2 injection for ECBM[J]. Int J Coal Geol, 2008, 74 (2): 123-138.

[137] WONG S, LAW D, DENG X, et al. Enhanced coalbed methane and CO_2 storage in anthracitic coals-micro-pilot test at South Qinshui, Shanxi, China[J]. Int J Coal Geol, 2007 (1): 215-222.

[138] MAZUMDER S, BRUINING J. Anomalous diffusion behavior of CO_2 in the macro-molecular network structure of coal and its significance for CO_2 sequestration[C]// Society of Petroleum Engineers Paper SPE 109506 Presented at the 2007 SPE Asia Pacific Oil & Gas Conference.

Jakarta, Indonesia,2007.

[139] SHI J Q, MAZUMDER S, WOLF K H,et al, S. Competitive methane desorption by supercritical CO_2 injection in coal[J]. Trans Porous Med, 2008,75:35-54.

[140] 冯三利,胡爱梅,叶建平.中国煤层气勘探开发技术研究[M].北京:石油工业出版社,2007.